水利固定资产投资统计数据质量控制体系研究

吴强 等 编著

中国水利水电出版社
www.waterpub.com.cn
·北京·

内 容 提 要

做好水利固定资产投资统计数据质量控制，及时准确反映建设进展和成效，对科学谋划推进工程布局和建设，充分发挥水利支撑保障和投资拉动作用，推动经济社会高质量发展，具有十分重大的意义。本书在分析界定统计数据质量含义、总结借鉴国内外相关经验基础上，针对我国水利固定资产投资统计工作特点，研究构建了基于纵向、横向、立向三个维度的水利固定资产投资统计数据质量控制框架，建立完善了全过程控制、因素控制、偏差法控制等质量控制体系，并从统计工作流程、监督审核机制、行业能力建设、数据管理应用等方面提出了保障措施。

本书可供各级从事水利投资统计数据审核、处理人员岗位培训和工作使用。

图书在版编目（CIP）数据

水利固定资产投资统计数据质量控制体系研究 / 吴强等编著. -- 北京：中国水利水电出版社，2022.2
ISBN 978-7-5226-0498-5

Ⅰ．①水… Ⅱ．①吴… Ⅲ．①水利建设－固定资产投资－统计数据－数据管理－研究－中国 Ⅳ．①F426.9

中国版本图书馆CIP数据核字（2022）第030537号

书　　　名	水利固定资产投资统计数据质量控制体系研究 SHUILI GUDING ZICHAN TOUZI TONGJI SHUJU ZHILIANG KONGZHI TIXI YANJIU
作　　　者	吴强　等　编著
出版发行	中国水利水电出版社 （北京市海淀区玉渊潭南路1号D座　100038） 网址：www.waterpub.com.cn E-mail：sales@mwr.gov.cn 电话：(010) 68545888（营销中心）
经　　　售	北京科水图书销售有限公司 电话：(010) 68545874、63202643 全国各地新华书店和相关出版物销售网点
排　　　版	中国水利水电出版社微机排版中心
印　　　刷	天津嘉恒印务有限公司
规　　　格	170mm×240mm　16开本　13.75印张　188千字
版　　　次	2022年2月第1版　2022年2月第1次印刷
定　　　价	**69.00元**

本书编委会

主　任　吴　强

副主任　乔根平　张　岚

委　员　郭　悦　刘　品　高　龙　王小娜

潘利业　王鹏悦

前言

　　统计是国民经济运行和社会事业发展的重要基础性工作，是实施科学决策和宏观管理的重要依据和支撑。数据质量是统计的生命，开展统计数据质量控制、保障统计数据质量是统计工作的重要任务和永恒主题。我国 1983 年首次制定颁布的《中华人民共和国统计法》突出强调要"保障统计资料的准确性和及时性"，2000 年修订印发的《中华人民共和国统计法实施细则》中明确提出"国家建立健全统计数据质量监控和评估的制度"，2009 年修订颁布的《中华人民共和国统计法》、2017 年制定颁布的《中华人民共和国统计法实施条例》进一步强化规定了数据质量控制的相关措施和要求。党的十八大以来，习近平总书记多次就做好新时代统计工作发表重要讲话或作出重要指示批示，党中央、国务院制定出台《关于深化统计管理体制改革提高统计数据真实性的意见》《统计违纪违法责任人处分处理建议办法》《防范和惩治统计造假、弄虚作假督察工作规定》等多个重要统计改革和政策文件，对加强统计数据质量控制、提高统计数据质量提出了新的更高要求。

　　水利是国家基础设施建设的重要领域，是国民经济和社会发展的重要支撑。1998 年以来，国家将水利列为扩大内需的重点领域和基础设施建设的优先领域，持续加大资金投入力度，中央计划安排的年度水利固定资产投资规模从 1997 年的 338 亿元增加到 2008 年的 1177 亿元再到 2011 年的 2051 亿元，2011 年以来连续 10 年均保持在 2000 亿元以上；在中央投资带动下，全社会水利固定资产投资年均增长超过 10%，2020 年全国在建水利项目投资规模达 3.2 万亿元，大规模水利投资和建设在国家稳增长、惠民生、促就业等方面发挥了重要作用。水利部始终高度重视统计工作，不断完善统计工作体制机制，加大统计人员、经费投入力度，突出加强水利固定资产投资等统计工作，及时准确提供各类水利建设进展和成效等统计数据，对科学谋划和有序推进水利建设提供了有力支撑。

作为完善水利统计工作体制机制的重大举措，自 2006 年开始，水利部发展研究中心受水利部委托全面承担了水利综合统计、固定资产投资统计等业务支撑工作。在水利部规划计划司指导下，水利部发展研究中心认真贯彻落实党中央、国务院关于改革和加强统计工作、提高统计数据质量有关部署要求，紧紧围绕水利统计工作实际，以水利固定资产投资统计为重点，以提高统计数据质量、增强统计支撑作用为主线，坚持边工作边研究，持续深入系统开展统计数据质量控制体系研究，取得了一系列创新、实用的研究成果。

本书依托 2011—2020 年十年的"统计基础工作""水利建设投资统计数据质量控制与核查方案编制""水利干部与人才培养项目"等支撑工作与项目研究成果，在分析界定统计数据质量含义、总结借鉴国内外相关经验基础上，针对我国水利固定资产投资统计工作特点，研究构建了基于纵向、横向、立向三个维度的水利固定资产投资统计数据质量控制体系，建立完善了全过程控制、因素控制、偏差法控制等质量控制体系，并从统计工作流程、监督审核机制、行业能力建设、数据管理应用等方面研究提出了保障措施。

本书将水利、统计、经济、管理领域相关理论综合运用于水利固定资产投资统计数据质量控制体系设计，属于部门统计领域的开创性研究，在国内固定资产投资统计数据质量控制研究中处于引领和示范地位，主要有三方面创新：一是针对我国固定资产投资统计工作特点，结合水利实际，开创性构建了系统完备的"三维"（纵向、横向、立向）质量控制体系，实现对统计数据全过程、多因素、成体系的质量控制，对其他部门（行业）统计工作具有借鉴和参考价值；二是遵循我国政府统计工作流程，首次揭示了水利统计管理的"四边形"模式，为建立完善事前、事中、事后全过程数据质量控制体系提供了理论支撑；三是跟进落实党中央提高统计数据质量的新部署新要求，研究与应用紧密结合，创新提出并持续完善相关保障措施。

本书中提到的研究成果已在水利部统计工作中得到广泛应用，有力推动了水利统计工作体系的完善和水利固定资产投资统计数据质量的提升。一是建立了较为科学的统计工作组织体系。国家层面基本形成了行政部门主导、支撑机构承担、学术团体配合、各专业统计分工协作的工作架构，水利部发展研究中心作为水利统计工作支撑机构，全面承担全国水利固定资产投资统计工作，组织与指导各级水行政主管部门开展数据采集、数据上报、数据汇总和数据分析等工作，有效保障了统计工作任务顺利实施。二是建立了较为完善的统计管理制度体系。依据国家统计法律法规及国家统计局相关规定，结合水利实际，修订出台《水利统计管理办法》，编制下发《水利部关于防范和惩治水利统计造假、弄虚作假责任制通知》，修订完善《水利建设投资统计调查制度》，制定《水利统计通则》（SL 711—2015）、《水利统计主要指标分类及编码》（SL 574—2012）、《水利统计基础数据采集技术规范》（SL 620—2013）等3项水利行业标准，制定《水利建设投资统计数据质量核查办法（试行）》，组织开展水利建设投资统计数据质量核查，并据此进行责任追究，形成了以管理办法为核心、以报表制度为主体、以标准规范为支撑、以核查办法为抓手的水利统计管理制度体系。三是建立了较为高效的统计管理信息系统，在国家部委中较早采用网络直报方式开展常规数据统计工作，实现了统计数据自下而上在线填报、自动审核、超级汇总、集中管理和灵活查询等功能，统计工作效率、统计数据质量和信息共享水平显著提高。四是建立了较为丰富的统计工作成果体系。水利部基于基础统计数据整理形成了一系列统计成果，包括《全国水利发展统计公报》《中国水利统计年鉴》等每年出版的正式出版物，中央水利建设投资统计月报、重大水利工程建设进展情况专报（2021年更名为国家骨干水网工程专报）等每月编印的内部参阅分析报告，以及向国家统计局和其他相关部门提供的各类水利统计分析成果等，特别是近年来水利固定资产投资统计数据质量不断提升，多次获得国家统计局褒奖。

本书主要包括四部分内容。第一部分由第一章和第二章组成，分别阐述了水利固定资产投资的相关概念与统计特点、国内外在数据质量管理方面的控制体系，并提出经验启示。第二部分由第三章至第六章组成，是本书的重要核心内容，也是"创新"所在。第三章通过梳理水利固定资产投资统计数据质量控制的具体要求、主要问题，提出水利固定资产投资统计数据质量控制初步框架；第四章从纵向维度分析，研究从事前预防、事中监督、事后补救等各环节做好质量管理和控制工作；第五章从横向维度分析，研究从统计的全面性、完整性、准确性、合理性、及时性、一致性等"六性"阐述因素控制的基本要求和方法；第六章从立向维度分析，阐述水利固定资产投资统计中构建的调查与分析"工具箱"，利用"偏差法"开展分布分析、相关性分析、对比分析等具体应用。第三部分为第七章，从统计工作流程、监督审核机制、行业能力建设、统计信息化等方面提出并持续完善相关保障措施。第四部分为第八章，总结提出本书的主要创新点、主要成果及应用情况以及下一步改进工作的建议。

在 16 年漫长的水利统计工作中，水利统计归口管理部门的张新玉、高敏凤、谢义彬、叶树石、杜国志、王瑜、王勇、汪习文、张光锦等领导给予了大力支持，在此表示感谢；感谢水利部发展研究中心杨得瑞、王海、黄河等领导给予的支持；感谢徐波、张岳峰等曾经一起并肩奋斗过的战友们。

　　由于水平有限，本书难免存在不足之处，欢迎批评指正。

作者

2021 年 9 月

目录

第一章

水利固定资产投资统计数据
质量相关概念

客观、真实、高质量的水利建设投资统计❶数据能够全面系统地展示全国水利固定资产投资基本情况，及时跟踪投资计划执行进度，反映水利建设和发展成就，为各级水行政主管部门制定政策、实施宏观管理等提供重要的基础数据支撑。

一、水利固定资产投资

科学有效地开展水利固定资产投资统计，首先要明确固定资产投资以及水利固定资产投资的含义及范围，分析水利固定资产投资的特点。

（一）固定资产投资的内涵

固定资产投资，从字面上理解是指建造和购置固定资产的经济活动，即固定资产再生产活动，包括固定资产更新、改建、扩建、新建等。目前固定资产投资并没有一个明确的定义，不同领域、不同的人对固定资产投资的理解也有所不同。比如，经济理论研究

---

❶ 水利建设投资统计是一项经国家统计局备案，由水利部组织实施的专业统计调查项目，其调查对象以水利固定资产投资项目为主，以基建前期等小额投资项目为辅。在日常工作中，水利建设投资统计可视作水利固定资产投资统计，故本书所说的水利建设投资统计与水利固定资产投资统计概念相同。

中，马克思在《资本论》中提出，"投资，即货币转化为生产资本"❶。他认为投资在资本的运动过程中形成了不变资本与可变资本两个部分，其中不变资本指的是生产资料，它的物质形态在生产过程中被消耗，转移到新产品中，没有产生新价值；可变资本指的是劳动力，工人在生产过程中不仅再生产出劳动力的价值，并且生产出剩余价值。概括来看，马克思所认为的固定资产投资活动就是货币在运动过程中，通过购买生产资料，形成固定资本的一种经济活动方式，为满足现实生活需要所进行的生活用品方面的固定资产投资，以及为满足生产方面的需要所进行的投资都可以称之为固定资产投资。20世纪90年代之前，我国理论经济学界一直将投资理论的研究局限于基本建设投资领域，对生产居民生活用品领域的固定资产投资研究较少。进入90年代，随着改革开放，我国经济飞速发展，理论经济学界对固定资产投资领域的认识又回归到了固定资产建设的基本思路，固定资产投资的主体也日趋多元化，私人投资、海外投资等都进入固定资产投资主体的范畴。财务工作中一般认为，固定资产投资是指企业为生产产品、提供劳务、出租或者经营管理而发生的，使用时间超过一个会计年度的，价值达到一定标准的非货币性资产的投资，包括建造房屋、建筑物，购置机器、机械、运输工具以及其他与生产经营活动有关的设备、器具、工具等。

统计中认为❷，固定资产是指为生产商品、提供劳务、出租、经营或管理而持有，使用期限在一年以上的房屋及建筑物，机械，运输工具以及其他与生产、经营、管理有关的设备、器具、公产等。在1978年党的十一届三中全会召开之后的40多年，我国固定资产投资呈现跨越式发展；2019—2020年，在防风险、调结构和稳增长的多重调控目标下，固定资产投资增速放缓，全社会固定资产投资保持在50万亿元以上。仅从数据上看，2020年固定资产投资达到改革开放

---

❶ 《资本论》第三卷。

❷ 国家统计局新闻办公室，国家统计局资料中心．您身边的统计指标：国家固定资产 [EB/OL]．http：//www.stats.gov.cn/tjzs/tjbk/nsbzb/201402/P020140226557855352429.pdf。

初期水平的近 600 倍，保持了对经济增长较高的贡献率。

（二）水利固定资产投资活动

一般来说，行业或部门的固定资产投资由多个固定资产投资项目组成，水利固定资产投资亦如是。每个水利建设项目的固定资产投资活动都不是静态的，项目从无到有，从货币资金到实物资产的全过程，需要从动态发展的角度进行描述，反映水利固定资产投资的部分微观特征，进而通过项目合集反映水利行业固定资产投资的宏观特征。

1. 从投资活动看

从投入货币资金到形成固定资产实物量的投资活动过程角度看，水利固定资产投资活动包含投资计划下达、拨付、完成三个过程。

（1）投资计划下达。对于经相关部门批准建设的水利项目，根据国家有关政策、水利发展需要及投资规模，按照项目轻重缓急和相关程序要求，安排水利项目的年度投资计划。根据不同资金来源，水利建设项目的投资分为中央政府投资、地方政府投资和其他投资，其中中央及地方政府投资需经国家发展改革委和水利部编制下达投资计划；除中央和地方政府投资以外的其他投资，主要包括银行贷款、企业和私人投资、投工折资、债券等。

（2）投资计划拨付。水利建设项目法人或县级水行政主管部门收到财政部门资金拨付文件，即视为投资计划已拨付。已拨付中央投资、省级投资、地县级投资均指政府投资；已拨付其他投资指社会资本、银行贷款等其他渠道投资。

（3）投资计划完成。已完成投资指当年中央投资计划下达后，项目开工至报告期完成的全部投资额，主要包括建筑工程投资、安装工程投资、工器具设备购置和其他费用。

2. 从项目类型看

水利建设项目按照不同的标准可以划分为多种类型。结合与固定资产投资关系密切的工程功能、社会经济影响、资金来源、规模等因素和标准，水利建设项目可划分为表1-1中的几类。

表1-1 水利建设项目分类

序号	划 分 标 准	类别数	工 程 项 目 类 型
1	按照功能和作用划分	3	1. 公益性工程项目 2. 准公益性工程项目 3. 经营性工程项目
2	按照对社会和国民经济发展的影响划分	2	1. 中央水利基本建设工程项目（简称"中央工程项目"） 2. 地方水利基本建设工程项目（简称"地方工程项目"）
2.1	其中：地方工程项目按照审批程序、资金来源划分	3	1. 中央参与投资的地方工程项目 2. 中央补助地方工程项目 3. 一般地方工程项目（指地方单独投资工程项目）
3	根据建设规模和投资额划分	2	1. 大中型工程项目 2. 小型工程项目

3. 从项目周期看

水利固定资产投资过程通过建筑安装施工和设备购置活动，形成生产性和非生产性固定资产。这一过程通常包含八个环节。

（1）项目建议书编制。根据国民经济和社会发展长远规划、流域综合规划、区域综合规划、专业规划，按照国家产业政策和国家有关投资建设方针编制项目建议书，对拟建设项目初步说明。

（2）可行性研究。可行性研究应对项目进行方案比较，对技术上是否可行和经济上是否合理进行科学的分析和论证。经过批准的可行性研究报告，是项目决策和进行初步设计的依据。

（3）初步设计。初步设计是根据批准的可行性研究报告和必要且准确的设计资料，对设计对象进行通盘研究，阐明拟建工程在技术上的可行性和经济上的合理性，规定项目的各项基本技术参数，编制项目的总概算。

（4）施工准备。在项目主体工程开工之前，必须完成各项施工准备工作，主要包括：施工现场的征地、拆迁，完成施工用水、电、通信、路和场地平整等工程，必需的生产、生活临时建筑工程，组织招标设计、咨询、设备和物资采购等服务，组织建设监理和主体工程招标投标并择优选定建设监理单位和施工承包队伍。

（5）建设实施。建设实施阶段是指主体工程的建设实施，项目法人按照批准的建设文件，组织工程建设，保证项目建设目标的实现。

（6）生产准备。项目法人应按照建管结合和项目法人责任制的要求，建立生产经营的管理机构及相应管理制度，招收和培训人员，做好技术、物资等与生产有关准备，这是项目投产前所要进行的一项重要工作，是建设阶段转入生产经营的必要条件。

（7）竣工验收。竣工验收是工程完成建设目标的重要标志，是全面考核基本建设成果、检验设计和工程质量的重要步骤。竣工验收合格的项目即从基本建设转入生产或使用。

（8）后评价。竣工投产的建设项目，一般经过1～2年生产运营后，要进行一次系统的项目后评价，主要内容包括：影响评价、经济效益评价和过程评价。

（三）水利固定资产投资特点

水利固定资产投资是全社会固定资产投资的重要组成部分，对经济增长有明显的拉动作用。同时，水利基础设施建设处在产业链的上游，可以为三大产业发展提供良好的条件。总体上，水利固定资产投资具有以下特点。

1. 水利固定资产投资点多、面广、量大

不同于交通等领域建设，全国各地水利建设项目在规模、类型、分布上差异较大，不仅有三峡、南水北调等"国之大事"，还有病险水库除险加固项目、农村饮水安全项目、灌区续建配套项目、中小河流治理等中小型水利基本建设项目；不仅有引江济淮、滇中引水等惠及范围广泛的大型工程，还有遍布于全国各地的小型水库、塘坝等服务于局部区域的基础设施。总体上看，水利固定资产投资具有点多、面广、量大、大中小型项目并存等特点，为水利固定资产投资管理增加了难度。

2. 水利固定资产投资和使用的周期较长

一些水利工程任务量大、建设周期长、投资数额大，工程投资分多年度多批次下达，投资周期普遍较长。这些固定资产一旦投入到生产活动中，其实物形态一般不会发生改变，若发生损耗，可根据损耗程度，逐步将其价值转移到所生产的产品中去，并且本部分的价值可经过折旧后回收，这一过程一般需要几年甚至十几年。

3. 水利固定资产投资公益性强

水利关系着防洪安全、供水安全、粮食安全、经济安全、生态安全和国家安全，其效益往往会更加直观地反映在水利行业的外部，具有很强的社会公益性特征，如供水工程提供生产用水使工农业增产，兴建防洪除涝工程可减少洪涝灾害损失、保障人民生命财产安全，修建水电站可创造更多的就业机会，修建自来水厂可以改善卫生和生活条件，修建水库还具有改善气候及美化环境的作用等等。

4. 水利固定资产投资来源复杂多元

随着国家公共预算改革和投资体制的变化，以及水利投资规模不断扩大，投资来源呈现出多元化特点。特别是在新的投融资体制和建设管理模式下，政府和民间、国内和国外的各种资金等都融入水利建设，水利投资不再是财政预算内拨款的单一渠道，通过利用国债、水利发展资金、专项资金、以工代赈、政策性金融以及外资等多种形式，水利建设投资的能力、针对性和效率不断增强。但由于多数水利基础设施具有公益性，投资规模大、建设周期长，因此政府投资始终是水利建设的主要来源。

5. 水利固定资产投资拉动性强

水利工程建设不仅有利于增强国家防灾减灾能力、推动水资源优化配置、改善生态环境、巩固农业基础，也能带动相关产业和装备发展，为农民工等创造更多的就业岗位。2020 年 6 月，《人民日报》在头版头条刊发文章指出，超 1 万亿元水利投资意味着在建设周期内总共可拉动经济增长 1.5 个百分点以上；1 万多亿元水利投资将促进稳就业，创造更多新岗位；1 万多亿元水利投资将助力稳粮仓，172 项节水供水重大水利工程建成后，将增加灌溉面积 7800 多万亩❶，相当于再造 7 个都江堰灌区。

二、水利固定资产投资统计

水利固定资产投资统计数据是反映水利投资计划执行进度和水利工程建设情况的重要基础性数据，是开展水利规划计划、实施水利工程管理的重要基础。真实准确的水利固定资产投资统计数据对科学判断水利工作形势，制定宏观管理政策，推动水利事业改革发展具有十分重要的意义。

（一）水利固定资产投资统计发展历程

新中国成立以来，水利固定资产投资统计随之开始。随着水利统计管理制度日趋规范、统计调查制度不断完善、信息化手段逐步成熟，水利固定资产投资统计工作效率和数据质量不断提升。

1. 传统统计时期（1949—1987 年）

1949 年，水利部成立伊始，在确立各项水利重点工作的同时，先后设置规划司、计划司。随之逐步开展和实施统计工作。这一时期，水利统计以基建投资、农村水利工程设施和效益以及水电建设为主要指标，以手工报表、人工审核为主要统计手段，开展各项基础性统计工作。

2. 充实提高时期（1988—1997 年）

1988 年，第七届全国人民代表大会第一次会议通过了国务院机构改革方案，确定成立水利部，当年 7 月水利部完成重新组建。这一时期，水利统计工作范围不断拓宽，统计内容不断充实，形成了较为完整的综合统计和基建投资统计报表制度。同时，随着计算机和远程数据传输技术逐步引入，统计分析、统计管理和统计研究工

---

❶　1 亩≈666.7m²。

作不断加强。

3. 规范发展时期（1998—2012 年）

这一时期，水利部逐渐形成了"由规划计划司归口管理，各专业司局各负其责，水利部发展研究中心等业务支撑单位具体承担的统计工作模式"，通过进一步落实经费、充实力量，统计工作条件明显改善，水利统计工作得到规范发展。

水利固定资产投资统计采用"统一直报，分级授权"的手段，通过"水利统计管理信息系统"进行统计数据的录入、编辑、审核、查询和汇总。水利统计管理信息系统的应用，实现了水利固定资产投资统计数据的统一收集、处理与分析，完善了水利统计工作机制，提高了水利统计工作效率，为水利统计信息的深层次挖掘和应用打下坚实基础，为国家水利投资项目建设管理、水利发展规划、水资源管理与保护等提供了可靠的信息支撑。

4. 质量提升时期（2013—2020 年）

党的十八大以来，以习近平同志为核心的党中央高度重视统计工作和统计数据质量。习近平总书记就加强和改进统计工作作出了一系列重要讲话和指示批示，中共中央办公厅、国务院办公厅先后印发了《关于深化统计管理体制改革提高统计数据真实性的意见》《统计违纪违法责任人处分处理建议办法》《防范和惩治统计造假、弄虚作假督察工作规定》等重要政策文件。

为贯彻落实相关部署和要求，水利部加强统计工作管理，先后出台了《水利统计管理办法》《水利统计基础数据采集技术规范》（SL 620—2013）、《水利统计通则》（SL 711—2015）等相关制度，结合统计数据采集、填报、审核、上报、分析等各环节，针对统计工作流程、统计报表设计、统计工作管理等方面，加强对统计数据质量的控制和管理。特别是2018年机构改革后，水利部先后印发了《防范和惩治水利统计造假、弄虚作假责任制》《水利建设投资统计数据质量核查办法（试行）》等，要求各级水行政主管部门健全水利统计工作责任制，落实五类水利统计责任人，明确了水利建设投资统计数据质量核查的范围、要求、问题认定、问题整改和责任追究等各方面内容，并组织水利部发展研究中心探索开展了水利建设投资统计数据质量核查工作。随着防范和惩治水利统计造假、弄虚作假责任制建立工作的逐步推开和水利建设投资统计数据质量核查工作的扎实开展，各级水行政主管部门和统计工作人员对统计数据质量的重视程度进一步提高，水利统计数据质量有效提升。

（二）水利固定资产投资统计的口径和方法

国家统计局开展的固定资产投资统计的范围是指全社会固定资产投资。水利固定资产统计和全社会固定资产投资统计在统计口径、起点、方法及统计范围上均有所不同。

1. 水利固定资产投资统计口径

水利建设投资统计面向全国水利工程建设，其中，水利建设投资统计年报（简称"年报"）的调查对象涉及中华人民共和国境内（台湾省、香港特别行政区、澳门特别行政区除外）当年在建的所有水利建设项目，包括水利工程设施、行业能力以及水利前期工作等项目；中央水利建设投资统计月报（简称"月报"）的调查对象涉及中华人民共和国境内（台湾省、香港特别行政区、澳门特别行政区除外）纳入中央规划或投资计划的水利建设项目。调查内容包括水利建设投资项目的基本情况、项目投资来源、投资计划下达、投资到位、投资完成、工程量及效益情况等内容。

2. 水利固定资产投资统计方法

水利建设投资统计采用全面调查的方法，以建设项目管理单位为基层填报单位，即一个建设项目填写一张基础表（部分面上项目以县为单位打捆填报）。

3. 与全社会固定资产投资统计的异同

（1）统计口径和起点。从国家统计局的全社会固定资产投资统计发展历史上看，统计口径和统计起点出现过多次较大调整，见表1-2、表1-3。

表 1 - 2　　　全社会固定资产投资统计口径的历史变革❶

时　间	全社会固定资产投资统计口径
1950—1979 年	投资月报和年报的统计口径均为基本建设投资
1980—1981 年	投资月报的口径为基本建设，年报为固定资产投资
1982—2003 年	投资月报的统计口径为国有及其他，包括基本建设、更新改造和国有其他投资等。投资年报的统计口径为固定资产投资，包括月报口径投资、农村集体投资、城镇工矿区个人建房投资、农户投资、房地产开发投资（1991 年建立商品房建设投资，1994 年改为房地产开发投资统计）
2004—2010 年	投资月报的统计口径为城镇固定资产投资，包括项目投资和房地产开发投资。投资年报的统计口径为全社会固定资产投资，包括城镇固定资产投资、农村非农户投资、农户投资、城镇工矿区个人建房投资（2007 年开始纳入项目统计）
2011—2020 年	投资月报的统计口径为固定资产投资（不含农户），包括项目投资、房地产开发投资。投资年报的统计口径为全社会固定资产投资，包括固定资产投资（不含农户）、农户投资

表 1 - 3　　　全社会固定资产投资统计起点的历史变革❶

时　间	全社会固定资产投资项目起点
1950—1982 年	固定资产投资统计未设起点、投资随计划走，列入计划的均统计
1983 年	列入基本建设、更新改造计划的随计划走，未设起点、未列入计划的，起点为计划总投资 2 万元
1984—1996 年	列入基本建设、更新改造计划的随计划走，未设起点、未列入计划的，起点为计划总投资 5 万元
1997—2010 年	固定资产投资项目的统计起点提高到计划总投资 50 万元
2011—2020 年	固定资产投资项目的统计起点提高到计划总投资 500 万元

　　国家统计局开展的固定资产投资项目统计范围为各种登记注册类型的法人单位、个体经营户、其他单位进行的计划总投资 500 万元及以上的项目，不包括农户投资，不含军工、国防项目。水利固

　　❶　胡祖铨. 我国固定资产投资统计制度及改革完善研究［EB/OL］.（2016 - 12 - 26）. http：//www. sic. gov. cn/News/455/7356. htm。

定资产投资统计范围是全社会范围的水利建设相关项目，无论投资来源何种渠道，都纳入统计范围。在项目统计投资额起点上，水利固定资产投资统计对项目规模未设限制。

（2）统计方法。不同于水利建设投资统计全部为全面统计报表，国家统计局的全社会固定资产投资统计对农户固定资产投资统计采用抽样调查方法，其他为全面统计报表。相同的是，二者都以建设项目管理单位为基层填报单位，即一个建设项目填写一张基础表，其中部分面上项目以县为单位打捆填报。

（3）行业分类范围。国家统计局的全社会固定资产投资统计在基层标准表中设置"行业类别"标志，每个项目对应一个行业，最后形成分行业统计结果。其中，全社会固定资产投资统计对"水利管理业"的统计范围即为《国民经济行业分类》（GB/T 4754—2017）中的N76大类，包括主要产品和服务属于"防洪除涝设施管理、水资源管理、天然水收集与分配、水文服务和其他水利管理业"的单位。

水利建设投资统计的行业分类范围在对应《国民经济行业分类》（GB/T 4754—2017）中"水利管理业（N76）"的同时，还涉及多个行业分类，详见表1-4。国家统计局的全社会固定资产投资统计面向的是全社会的投资，无论投资来源何种渠道，都纳入统计范围。水利部的水利建设投资统计的是国家发展改革委和财政部商水利部投资的建设项目，而国家发展改革委、财政部单独或商其他部门下达的投资，则较少纳入统计范围。因此，水力发电（4413）、自来水生产和供应（4610）、污水处理及其再生利用（4620）、海水淡化处理（4630）、其他专业咨询与调查（7249）分类中，只有部分项目纳入水利建设投资统计。

表1-4 水利建设投资统计行业范围对应《国民经济行业分类》

（GB/T 4754—2017）情况表

门类	大类	小类	编号	分 类	分 类 释 义	水利建设投资统计行业范围
A	01			农业		
	05	051	0513	灌溉活动	指对农业生产灌溉排水系统的经营与管理	全部

续表

门类	大类	小类	编号	分类	分类释义	水利建设投资统计行业范围
D	44			电力、热力生产和供应业		
		441	4413	水力发电	指通过建设水电站、水利枢纽、航电枢纽等工程，将水能转换成电能的生产生活	部分
	46			水的生产和供应业		
		461	4610	自来水生产和供应	指将天然水（地下水、地表水）经过蓄集、净化达到生活饮用水或其他用水标准，并向居民家庭、企业和其他用户供应的活动	部分
		462	4620	污水处理及其再生利用	指对污水污泥的处理和处置，及净化后的再利用活动	部分
		463	4630	海水淡化处理	指将海水淡化处理，达到可以使用标准的生产活动	部分
		469	4690	其他水的处理、利用与分配	指对雨水、微咸水等类似水进行收集、处理和利用活动	全部
E	48	482		水利和水运工程建筑		
			4821	水源及供水设施工程建筑		全部
			4822	河湖治理及防洪设施工程建筑		全部
L	72			商务服务业		
		724	7249	其他专业咨询与调查	指上述咨询以外的其他专业咨询和其他调查活动	部分
N	76			水利管理业		全部
		761	7610	防洪除涝设施管理	指对江河湖泊开展的河道、堤防、岸线整治等活动及对河流、湖泊、行蓄洪共和沿海的防洪设施的管理活动，包括防洪工程设施的管理及运行维护等	

门类	大类	小类	编号	分 类	分 类 释 义	水利建设投资统计行业范围
		762	7620	水资源管理	指对水资源的开发、利用、配置、节约、保护、监测、管理等活动	
		763	7630	天然水收集与分配	指通过各种方式收集、分配天然水资源的活动，包括通过蓄水（水库、塘堰等）、提水、引水和井等水源工程，收集和分配各类地表和地下淡水资源的活动	
		764	7640	水文服务	指通过布设水文站网对水的时空分布规律、泥沙、水质进行监测、收集和分析处理的活动	
		769	7690	其他水利管理业		

（三）水利固定资产投资统计特点

1. 统计对象复杂

水利建设投资统计工作是一项涉及全局性的基础工作，统计项目数量大、种类多，参与投资管理的部门多。根据水利建设投资年报数据，近年来在建水利项目平均3万多个，根据中央水利建设投资月报数据，中央投资的在建项目近2万个。投资项目涉及类型多，包括重大水利工程、农村饮水安全巩固提升工程、主要支流治理、大中型病险水库除险加固项目等。每种项目类型的建设投资数据都需要相关业务部门进行审核并加强数据质量控制，比如水资源、农水水电、水土保持、建设管理、水旱灾害防御等部门，因此参与投资建设和跟踪项目进度的部门也多，统计对象类型多、数量多，比较复杂。

2. 时间跨度大

水利建设投资统计的统计调查对象为水利建设项目，统计周期自前期工作开始，直至项目投资完成，具有时间跨度大的特点。在统计的过程中，常见的统计频率有年报、月报、旬报等。以年报为例，顾名思义，年报即统计频率为年，每年进行一次统计，统计的数据为报告期范围的水利建设项目。有些项目当年开工，当年完成，但大部分的水利建设投资项目周期长，如南水北调工程建设周期长达50年，需要跨年度统计，这就需要协调好不同年度间的投资情况统计。

3. 时效性要求强

统计数据具有权威性，更加注重时效性，没有及时报送的统计数据往往就丧失了权威性。例如：投资建设月报每个月会对当月的建设项目投资完成情况进行数据分析，并加以汇总，在评价当月工作情况的同时，全国进行调度会商，对进度较慢的工程及涉及的省份还会进行约谈等。因此提高统计工作的时效性与准确性，及时收集汇总各项数据，并对统计工作分时段调整工作重心，协调好各项工作内容进度，有利于有效提升统计工作的质量和效果。

4. 对过程统计的要求高

水利建设投资统计是对水利固定资产投资形成全过程的统计，指标包括项目投资来源、投资计划下达、投资到位、投资完成等。同时，不同于国家统计局的全社会固定资产投资关注投资额总数，水利建设投资统计从服务于部门管理的角度出发，区分中央投资计划和地方投资计划，分别开展计划执行跟踪统计，为计划管理部门提供分来源分项目类型的详细统计数据，有针对性地开展投资计划执行管理。

5. 涵盖投资价值量、实物量和效益指标

水利建设投资统计不仅关注投资计划执行情况，还设置了工程实物量指标、效益指标，全面了解水利建设项目投资计划下达过程、资金来源渠道、工程实物量与价值量的转化、投资与效益的关系等，通过统计数据统筹反映工程价值量、实物量和效益三个方面，发挥统计信息、咨询、监督三大职能，督促加快计划执行进度的同时，追求工程效益，发挥水利工程惠民生的效能。

三、水利统计数据质量

对统计数据质量内涵的研究和界定，无论是学界研究还是统计

实践都经历了从狭义概念向广义概念转变的过程，从最初将数据的准确性作为唯一标准，逐步演变成为从满足数据使用者需求角度来界定统计数据质量的基本概念，以下分别从国外和国内两个角度对统计数据质量的内涵进行介绍，并总结其共性及特点。

（一）国外对统计数据质量的界定

从 20 世纪初至今，国外专家学者对统计数据的研究大致经历了三个阶段。第一阶段为 20 世纪初至 40 年代，统计数据质量研究主要围绕数据的准确性开展；第二阶段为 50—70 年代，统计数据质量研究主要围绕如何建立统计调查误差模型和开展一些专项研究而展开；第三阶段为 80 年代至今，对数据质量的要求不再局限于单一标准，系统性、可比性、及时性、保密性、经济性等多角度评判标准逐渐确立，对统计数据质量的研究也随之发展到如何建立保证、控制和评估体系上来。

国际机构方面，联合国发布的《统计组织手册》，对官方统计资料提出适用管理需要、面向多种使用者、指标间具有联系体系、保持历史延续性、保证统计资料的准确性和及时性等八项工作要求，明确了政府统计数据质量的综合含义。欧洲统计局则直接对数据质量本身进行定义，将适用性、准确性、及时性、清晰性、可比性与完整性定义为数据质量的六要素。经济合作与发展组织将数据质量定义为七个维度，分别为相关性、准确性、可信性、及时性、可获得性、可解释性、一致性，同时将使用者需求也作为了重要评判因素。国际货币基金组织统计部对数据质量的定义侧重于数据生产过程及发布过程，包括五个方面：保证诚信、方法健全性、准确性和可靠性、适用性、可获得性。

有关国家在国际组织发布的数据质量标准基础上，也相继提出其数据质量评判准则，这些准则是各国政府统计机构对数据进行质量检测、监管的重要内容和依据。例如，加拿大统计局提出相关性、准确性、及时性、可获得性、可解释性和一致性等衡量数据质量六个方面的标准；英国政府的统计数据质量标准包含准确性、及时性、有效性、客观性等四个方面；荷兰统计局提出从准确性、适用性、及时性、有效性及减轻被调查者负担等五个方面评价统计数据质量；美国国民经济分析局要求数据满足可比性、准确性、适用性等三个方面；澳大利亚国际收支统计局要求数据达到准确性、及时性、适用性、可取得性、方法科学性等五个方面的质量标准。

（二）我国对统计数据质量的界定

新中国成立 70 多年来，我国社会经济经历了社会主义革命和建设时期、改革开放时期和中国特色社会主义新时代三个阶段，对统计数据质量的界定和管理也随着历史进程和经济发展环境的改变而进行调整，大致经历了从准确性到真实性、准确性、及时性、完整性再到真实性、准确性、完整性、及时性、适用性、经济性、可比性、协调性和可获得性等三个阶段。

社会主义革命和建设时期，由国家掌控经济过程中的一切生产、交换和分配活动，统计体系方面沿用的是苏联的国民经济统计体系，统计工作的作用在于帮助国家监测各地方政府对国家经济计划的执行情况，只要计划执行情况统计清楚了，统计工作就算做好了，统计数据生产和数据质量管理主要看重数据质量的准确性，缺乏有效的管理体系。

改革开放时期，经济快速发展，国家宏观政策的制定、企事业单位的生产决策都亟须统计数据的支持，国内对统计数据服务的需求空前高涨，统计工作进入大发展阶段。1983 年颁布的第一部《中华人民共和国统计法》和 2017 年制定实施的《中华人民共和国统计法实施条例》形成了中国的统计法制基础，以法律形式，从真实性、准确性、及时性、完整性方面对统计数据质量进行了界定，逐渐建立起一套有效的数据质量管理和评估机制。

中国特色社会主义新时代，统计工作进一步加快了国际化、标准化进程，统计部门对数据质量的界定和管理内容也有了新的扩充。2021 年 4 月，国家统计局印发的《国家统计质量保证框架（2021）》借鉴《联合国官方统计国家质量保证框架手册》，明确了要基于数据生产全过程，从真实性、准确性、完整性、及时性、适用性、经济性、可比性、协调性和可获得性等九个方面对统计数据质量进行综合评价。

（三）对比分析

国内外对统计数据质量的重视程度越来越高，逐渐意识到明确数据质量含义、建立数据质量标准对经济社会发展的重要性。结合本国实际，各国不断探索统计数据质量的新内涵，对比来看，呈现以下几个特点。

1. 统计数据质量含义更丰富、全面

各国对统计数据质量概念的界定经历了一个由单一准确性向全方位、多角度、多标准的发展过程，根据社会发展的需要，各国逐渐将及时性、完整性、完备性、可得性、可比性和时效性等纳入到统计数据质量的概念中。虽然各国对统计数据质量的含义尚未形成统一表述，但在基本思路上，立足多重维度全面定义统计数据质量已经形成共识。

2. 统计数据质量的评价标准由准确性逐渐转向实用性

国内外对统计数据质量评价的最初标准均是准确性，认为准确无误的数据即为高质量的统计数据，随着经济社会发展，政府、个人对统计数据的使用更加频繁，要求统计数据不仅真实可靠，而且能够及时获取、方便比较。由此，各国统计数据质量评价的标准越来越侧重于满足使用者的需求，中国、加拿大、英国、美国等国家均将及时性、可比性、适用性等体现实用性的维度引入评价标准中。

3. 各国在统计数据质量含义的界定上存在差异

虽然国内外对统计数据质量的多维度、实用性达成了一致共识，但由于各国及不同机构在具体国情、数据对象、数据需求、使用目标等方面不同，导致对统计数据质量的具体界定存在着一定差异，如美国国民经济分析局要求数据满足可比性、准确性、适用性等三个方面，更关注数据成果的可用性；国际货币基金组织还提出要保证诚信、方法健全，侧重于就统计数据生产及发布环节实施质量控制；我国统计质量保证框架则基于统计生产全过程，从九个方面综合评估数据质量。

第二章

国内外经验借鉴

国际组织如联合国统计委员会、国际货币基金组织、欧盟统计局、欧洲中央银行、经济合作与发展组织（简称"经合组织"）等在统计数据质量控制方面，已经取得了很多可供借鉴的经验，同时我国国家统计局也已形成较为完善的数据质量管理体系和方法，以下予以简要介绍，并总结相关经验。

一、联合国统计委员会- NQAF

国家质量保证框架（National Quality Assurance Frameworks，NQAF）是联合国统计委员会向各国推荐的一个通用质量保证框架，旨在为各官方统计机构提供一个提高统计数据质量的通用模板。2010年8月，联合国国家质量保证框架专家组正式组建，来自加拿大、智利、中国、哥伦比亚、埃及、法国等17个国家和非洲、欧洲、联合国亚洲及太平洋经济社会委员会、联合国拉丁美洲和加勒比经济委员会、西亚经济及社会委员会、欧盟、国际货币基金组织、世界银行等8个地区、国际组织的代表应邀担任成员。历经两年多的研究论证和广泛地征求意见，NQAF在联合国统计委员会第43届会议上正式通过。

（一）制定NQAF的主要原则

数据质量管理涉及一国官方统计机构的设置，以及该机构所属各部门在不同层面上所采用的运行机制和程序。因此，从某种程度上说，质量保证框架的有效性并不取决于某一机制或程序，而是由许多互相关联的措施集合起来发挥协同作用后取得的效果，其基础是工作人员的专业兴趣和积极性，所强调的是一国官方统计机构的客观专业精神和对数据质量的关注。

NQAF 主要基于八项基本原则制定，即：数据质量必须摆在所有统计活动的最重要位置；数据质量是相对的，不是绝对的；数据质量包含多个范畴；每一位员工都对提高统计数据质量发挥积极作用；要想确保在数据质量的各个范畴之间取得平衡，最好的做法是采取项目工作团队的方式；数据质量管理必须落实到统计工作每一个阶段和每一个环节里面；质量保证措施必须针对具体方案作出调整；必须让用户了解数据的质量。

此外，为避免重复设计，NQAF 充分借鉴了《欧洲统计业务守则》《欧洲统计系统质量报告标准》《欧洲统计系统质量报告手册》《经合组织统计活动质量框架和导则》《国际货币基金组织（IMF）的数据质量评估框架》等现有质量管理工具和质量框架的相关内容。

（二）NQAF 的框架内容

NQAF 重点强调对各种核心统计职能的管理，由五大部分组成，分别是质量背景、质量的概念和框架、质量保证准则、质量评估和报告、质量及其他管理框架。其中，第一部分为"质量背景"，主要包括推动质量管理面临的形势和关键问题，带来的益处和挑战，与其他统计机构政策、战略和框架的关系以及随着时间推移而可能出现的演化等。第二部分为"质量的概念和框架"，主要包括概念和术语、与现有框架的配对关系等。第三部分为"质量保证准则"，是 NQAF 的核心，共有 19 个章节，分别从管理统计系统、管理体制环境、管理统计过程和管理统计产出四个方面阐述了保障统计数据质量的一系列要求。第四部分为"质量评估和报告"，主要包括计量产品和过程的质量——质量指标、质量目标、过程变量及使用说明，质量报告，用户反馈，评估和认证等。第五部分为"质量及其他管理框架"，主要包括绩效管理、资源管理、道德标准、持续改善和治理等内容。

（三）采用 NQAF 的益处

质量管理框架的设计和实施受到不同需求、特定的目标、所提供的产品、采用的程序以及该机构的规模和结构等因素的影响。NQAF 的设立，可为统计机构质量管理框架的设计和实施带来以下几个方面的好处：一是提供一个系统的机制来持续不断地找出和解决质量问题，并增进整个统计机构的工作人员之间的互动；二是使各种质量保证程序有更大的透明度，并强化统计机构作为可信的统计资料提供者的形象；三是为各国官方统计机构创造和保持质量文化提供一个基础，并且 NQAF 是该机构培训员工的良好参考材料；四是为各国官方统计机构和国际上的统计机构就质量管理问题交流想法提供了桥梁。

二、国际货币基金组织- DQAF

2001 年，国际货币基金组织（International Monetary Fund，IMF）从数据质量管理角度考虑，开发了数据质量评估框架（Data Quality Assessment Framework，DQAF），并于 2003 年进行了修订。IMF 开发 DQAF 的目的主要是：为 IMF 对各国进行政策评估、技术援助、《标准与规范遵守情况报告》数据资料准备等方面提供指导；为各国机构（如国家统计部门、中央银行和其他数据编制机构）进行的自评估提供指导；为数据用户进行政策分析、预测、经济运行分析时的数据评价提供指导。❶

DQAF 中提出从保障数据质量的先决条件及五个维度（或方面）对数据质量进行考察。其中保障数据质量的先决条件包含法律、制度环境以及必要的资源和相关性等关键要素，IMF 在数据质

---

❶ 邱东，吕光明. 国家统计数据质量管理研究 ［M］. 北京：北京师范大学出版社，2016（7）：107－109。

量管理方面对这些先决条件是给予特别考虑的。五个维度分别为[1]：一是诚信（assurances of integrity），指在统计数据的收集、处理和公布过程中，严格遵从客观性原则，保障专业性、透明度并合乎道德标准；二是方法的健全性（methodological soundness），指应当确保统计数据的编制方法具有合理性，且必须遵循相关的国际准则与惯例；三是准确可靠性（accuracy and reliability），指原始数据可以针对数据的预处理提供充分而可靠的基础，定期对原始数据、中间数据和最终统计结果进行评估、修订；四是适用性（serviceability），指以适合的频率对数据进行及时的编制和公布，各类数据本身应当前后协调，与其他资料信息保持一致，并进行定期修正；五是可获得性（accessibility），指数据用户可以更容易获取并了解数据的出处，必要时能够由数据生产者来提供专业的支持。应该说，DQAF 的开发为数据质量的概念界定指明了方向，虽然在这之后的其他管理框架与之有差异，但也都不再只固守于统计数据质量的准确性要求，而是在相关性、适用性以及可获得性等方面有所规定，这充分体现出数据质量管理以用户需求为核心的理念，并重视用户对统计数据质量的要求。

根据已界定的数据质量维度和内涵，IMF 制定的 DQAF 从结构上包括一个通用（或综合）评估框架以及七个专用评估框架，这几个框架的重点都在于与数据质量相关的统计体系管理、核心统计程序和统计产品特征。[2] 具体来看，数据质量从五个维度（方面）以及一个先决条件到具体的衡量指标这一流程中存在着一个逐步分解的过程，数据质量评估框架将这一过程划分为五个层次，分别为质量方面层、要素层、指标层、重点问题层以及关键层。[3] 每个专用框架都是由这五个层次组成的，在每个专用框架中前三个层次都是

[1] 程开明. 三种国际统计质量管理框架的比较与启示 [J]. 统计研究，2011（4）：75－79。

[2] 张芳，李正辉. 政府统计数据质量管理的国际准则 [J]. 统计与决策，2005（1S）：44－45。

[3] 蒋萍，田成诗. 全方位、立体性数据质量概念的建立与实施 [J]. 统计研究，2010，27（12）：8－15。

一样的，也称为通用框架；后两个层次则针对具体的研究领域分别设立了不同的质量要求，因此在不同的专用框架中对后两个层次的质量要求存在差别。

七个可供专用的框架，分别为国民经济核算数据质量评估框架、国际收支统计数据质量评估框架、外债统计数据质量评估框架、货币统计数据质量评估框架、政府财政统计数据质量评估框架、生产者物价指数数据质量评估框架、消费者价格指数数据质量评估框架。这七个专用评估框架都是在通用框架基础之上形成的，其在基本结构和信息方面都保持一致，只是有的框架加上了在特定领域的技术特色，以便强化数据质量评估规范上的专业和统一性质。这种灵活的结构安排，既满足了专家的需要，也可满足一般用户的需要；既适用于发达国家，也适用于发展中国家；既适用于综合性评估的要求，也满足专业统计的需要。

三、欧盟统计局-统计质量保证框架

欧盟统计局（European Statistical System，ESS）充分认识到统计数据质量的重要性，于 2001 年通过了《欧洲统计系统质量宣言》，要求 ESS 成员按照一系列原则协同努力，这些原则包括：用户中心原则、持续改进原则、产品质量承诺、信息可得性原则以及有效过程原则。2005 年，为保证统计质量，欧盟委员会颁布了《欧洲统计实践规范》，提出了包括机构环境、统计程序、产出等方面在内的 15 项关键原则，并以此为基础，按照统计数据从收集到发布各个流程的先后顺序，综合考虑了数据生产方、使用方的各项要求，构建了统计质量保证框架。

统计质量保证框架被分为三个不同的层次，即文件和测量、评价、整合，每层次都有相应的质量提升过程。❶ 从文件到整合的过程中，凸显统计过程信息的质量，使它更适合于管理者和使用者倾

---

❶ 程开明. 三种国际统计质量管理框架的比较与启示［J］. 统计研究，2011（4）：75－79。

听和理解。不同层次的可用信息被反馈到生产过程中，以便于改进质量分析。

第一层，文件和测量。从质量文件和实际测量中获取复杂而详细的有用工具、信息和方法，如质量指标（变异系数等）和识别关键过程变量（时间耗费等）。在个别统计领域，会使用结构质量报告等。

第二层，评价。质量监测工作在上一层给出的信息基础上进一步发展，开始借助特定设计的清单对违背内部或外部统计数据标准的情况进行估计。质量评估以一种结构化的途径展开，其范围从自评估到外部专门的质量综合评价。这一层会不断输出改善行动和良好做法的鉴定。

第三层，整合。将符合公认的标准予以整合，或者通过标注或者通过认证的形式进一步提炼质量评估信息并呈现给用户，以证明统计产品符合统计质量定义的标准和要求（根据业务准则）。为了使统计产品符合科学和道德准则，提升官方统计的公信力，标签由各种统计标准或满足事先质量要求的过程所构成。

从 2008 年开始，欧盟统计局几乎所有的统计过程都得益于质量评估。为了满足统计过程的多样性，主要采取四种类型的质量评估：由生产单位进行的质量评估，由质量部门参与的支持自我评估，有外部专家参与的同行评估以及由外部专家、用户和合作伙伴共同进行的滚动评估。

总之，欧盟统计局的统计质量保证框架旨在建立一套系统的方法与工具，以全面质量管理方法为基础，提供详细的指导原则，以确保统计过程与产品的基本质量要求。为了达到提高组织质量水平和统计产品可信度的目的，框架的实务守则定义和评估绩效或标杆指标，决定了在产品和过程层次所采取的具体措施。

四、欧洲中央银行 - SQF

欧洲中央银行（European Central Bank，ECB），简称"欧洲央行"，正式成立于 1998 年。作为世界上首个超越国家货币层次的中央银行，欧洲央行是唯一获得在欧盟内部发行欧元资格的一家央行，它可以不受欧盟领导机构和各国领导机构指令或监督的影响，在欧元区制定适当的货币政策来维持物价的稳定。

欧洲央行依托统计数据制定和执行货币政策，开发、收集、汇编和发布统计数据，并认为保持欧洲央行统计数据的高品质是维护公信力的一个关键性因素。因此，欧洲央行极力强调统计质量，以及关注统计质量的各个方面。2008 年欧洲央行提出自己的统计质量框架（Statistics Quality Framework，SQF），并在欧洲央行内部提出协调统一的统计数据质量定义。❶

欧洲央行的统计质量框架对主要的质量原则和要素加以定义，涉及欧洲央行的统计机构环境、统计过程和统计产出等方面。

(一) 统计机构环境

统计生产中机构组织对统计质量有显著影响，将影响数据生产和发布的完整性和可靠性，为此 SQF 列出了六项适用原则。一是独立性和责任性，主要指欧洲央行的统计活动依法独立和统计生产的科学标准拥有专业独立性，并对统计数据的编辑和发布负有全面责任。二是数据收集的授权，欧洲央行被明确授权负责收集国家机构单位或经济单位信息，并有权惩罚不履行义务的报告单位。三是公正性和客观性，应该公正、透明地编制和发布统计信息。四是统计保密，欧洲央行对得到的统计信息有保密义务，且只能用于统计目的。五是开展欧洲中央银行体系成员之间以及与欧洲其他组织和国际组织之间的协调与合作，以助于分享信息和专门技术，促进欧元区统计范围扩大和质量提高。六是资源和效率，尽量有效使用人力、资金、设备和基础设施，配合统计工作程序。

(二) 统计过程遵循的原则

统计数据的开发、收集、处理和发布过程构成所有统计体系的

---

❶ 邱东，吕光明. 国家统计数据质量管理研究 ［M］. 北京：北京师范大学出版社，2016（7）：131-132。

核心，在统计过程中，遵循两条质量原则。一是合理的方法和高效的统计程序，在制定和编制统计资料时，欧洲央行采用欧洲中央银行体系和欧洲共同体的法规和标准基础，在整个统计生产链条中实施高效的统计程序。二是注重成本效率和减轻报送负担，欧洲央行建立适当程序使用户需求得到满足，同时使报送负担最小化，在收集、编辑和发布统计数据过程中追求成本效率。

（三）统计产出

统计产出要具有相关性、完整性、准确性、可靠性、一致性、及时性和可获得性等性质才能更适合用户的需要。具体可从以下五个方面考察统计产出：一是统计产出的相关性，是指欧洲央行的统计数据应符合公开或潜在的用户需求，主要是指适应 IMF、欧盟统计局、经合组织等国际组织的数据质量评估框架与准则的需求；二是统计产出的准确性和可靠性，要求欧洲央行的统计数据应当准确、可靠地评估它们要测度的对象；三是统计产出的一致性和可比性，同一个统计数据在不同时间、在不同的数据集，都应该具有一致性；四是统计产出的及时性，要求欧洲央行的统计数据都要尽可能及时，要符合国际数据公布时限的要求；五是统计产出的可得性和清晰度，数据和元数据的信息应以一个明确的和可以理解的形式展示，所有用户都可以轻松获取。

从 SQF 可以看到，其数据质量控制过程涉及多个环节，如数据的采集、加工、发布与修订。数据收集的程序，而不是数据质量本身向来属于数据质量控制的重点。欧洲央行对异常数据审核时，主要采用线性的核对方法或时间序列的相关理念；在质量控制问题上，欧洲央行会进行专门研究并将相应的研究报告予以公布；欧洲央行还会定期审查所发布数据的质量。

五、经济合作与发展组织－OECD 统计活动质量保证框架

经济合作与发展组织（Organization for Economic Co－

operation and Development，OECD）作为有影响力的国际组织，也很看重统计质量研究，相关统计研究人员投入大量工作精力，力求改善 OECD 的统计数据质量。在加拿大统计局的提议下，OECD 于2002 年拟定了《OECD 统计活动质量框架和指南》，建立了 OECD统计活动质量保证框架。

与国际货币基金组织的 DQAF 一样，OECD 统计专家主张统计数据质量应该延伸至远超出狭窄的准确性维度来考虑，它是一个多层面的概念。OECD 在其统计活动质量保证框架体系中从相关性、准确性、可信性、及时性、可获得性、可解释性、一致性、成本效率几个方面对统计数据质量进行了多维度界定，见表 2－1。

表 2－1　　　　　　OECD 统计活动质量的不同维度界定

统计质量维度	含　　义
相关性	定性地评估数据对用户的价值，尤其是指数据是否符合用户的需求。相关性大小取决于统计对所需主题的覆盖程度，以及合适的概念运用，这些可以通过识别不同用户组和各用户的不同需求来衡量
准确性	数据产品的准确性是指正确估计它们想要测量价值的程度。理论上一般用估计值与真值（未知）的差异来表示。可以通过修订分析来不断地接近真值，也可以通过抽样调查技术来估计
可信性	基于数据生产者的印象，使用者对数据产品的信心
及时性	统计数据运用时和它们所描述的事件发生时的时间间隔
可获得性	数据可以在物理介质中获得，如采用媒体等形式，支持服务用户，让用户能够很容易地获得信息
可解释性	用户理解、正确使用和分析数据的难易程度
一致性	在不同时间、国家及地区间，数据集内外，统计应该保持连贯
成本效率	统计生产的成本效率，是统计局和受访者及原始数据的提供者对承担的费用的衡量

注　资料来源：*OECD Quality Framework and Guidelines for OECD Statistical Activities TD/QFS（2011）1*，2011。

OECD统计活动质量保证框架对数据质量的考虑之所以从相关性维度出发，是为了反映统计数据满足用户需要的能力，统计数据采集等是随着用户需求差异而不断变化的；数据质量的准确性维度，则是要求统计信息可以准确描述出所测量对象的特征，其一般以误差来反映；数据质量的可信性维度，是指用户对统计人员或机构生产的统计数据的信任程度；数据质量的及时性，考量的是运用统计数据时和它们所描述的事件发生时的时间间隔，它有时会与准确性之间存在冲突，需要进行一定程度的取舍数据质量的可获得性维度，是指用户能够相对容易地获取、识别和利用统计数据；数据质量的可解释性维度，考量的是用户能够理解统计数据并可以容易判断出数据满足自身需求的程度大小；最终数据质量的一致性维度所考量的是对特定的统计数据通过某一时空标准加以分析的程度，以及与其他信息的关联程度。

OECD 统计活动质量保证框架体系将关注点放在统计过程的质量保证上，其依托的是统计活动过程。OECD 的统计活动质量保证框架分为两大部分：当前统计活动的质量保证程序和新兴统计活动的质量评估。当前的统计活动和新兴统计活动都要遵循 OECD 的统计活动质量保证框架对统计活动过程的每个阶段的质量控制。它将统计活动分解为七个阶段，同时对于每一阶段，都提出了具体的质量要求及成本效率状况，见表 2-2。

表 2-2　　　　　　OECD 统计活动质量保证框架体系

阶段	统计活动	质　量　要　求	分解问题个数	成本效率
第一阶段	数据需求的定义	相关性、一致性	21	高
第二阶段	评估当前可用数据、整合数据集	一致性、及时性、准确性、可获得性与可解释性	4	很高
第三阶段	设计与规划统计活动	相关性、准确性、可信性、一致性、及时性、可获得与可解释性	12	很高
第四阶段	内部或外部基础数据的使用	准确性、及时性、可获得性与可解释性	8	很高
第五阶段	特定数据收集机制的实施	准确性、及时性、可获得性与可解释性	34	很高
第六阶段	数据和元数据的确认、编辑、存储、分析与评估	准确性、及时性、可获得性与可解释性、一致性	25	很高

续表

阶段	统计活动	质 量 要 求	分解问题个数	成本效率
第七阶段	数据和元数据发布	及时性、可获得性与可解释性、一致性、可信性	35	高

注 资料来源：*OECD Quality Framework and Guidelines for OECD Statistical Activities TD/QFS（2011）1*，2011。

从表2-2可以看出，当前统计活动的质量保证程序包括数据需求的定义、可得数据的评估、统计活动的规划与设计、数据和元数据的内部收集、数据和元数据的外部收集、数据和元数据的验证分析及评估、数据和元数据的发布等阶段。❶ 而新兴统计活动除包含上述阶段外，还包括一项重要程序，即进行新数据的需求识别并提交给机构的领导小组，以供讨论。该统计质量框架体系把统计活动的过程作为工作的导向，着重于统计质量的保证，提出每一阶段的数据质量要求，最终保证统计数据的质量。

六、我国国家统计局-国家统计质量保证框架

为进一步提高统计工作规范化和标准化水平，有效推动服务型统计工作的发展，增强政府统计的公信力，国家统计局借鉴联合国统计委员会《通用国家质量保证框架（NQAF）模板》，于2013年9月发布了《国家统计质量保证框架》，并于2021年进一步修订完善形成了《国家统计质量保证框架（2021）》（以下简称《框架》）。《框架》进一步拓展了《中华人民共和国统计法》有关统计质量的内容，将统计质量控制扩展到确定需求、统计设计、审批备案、任务部署、数据采集、数据处理、数据评估、数据发布与传播、统计分析、整理归档、综合评估等各个环节，明确了每个环节的质量控制要求和标准，更加突出了全过程质量控制的理念。

---

❶ 邱东，吕光明. 国家统计数据质量管理研究［M］. 北京：北京师范大学出版社，2016（7）：120-121。

（一）统计质量评价标准

《框架》从真实性、准确性、完整性、及时性、适用性、经济性、可比性、协调性和可获得性等九个方面，对统计数据生产全过程中的统计质量进行考量和评价，不仅包含统计生产质量，还包含统计服务质量，评价标准更加全面。

（二）统计质量全过程质量控制

《框架》采用全过程控制是对统计业务流程的各环节进行质量管理和控制，具体包括以下十一个环节。

（1）确定需求环节的质量控制，包括认真评估用户需求、确定统计调查内容、定期审查统计调查项目的适用性三项要求。

（2）统计设计环节的质量控制，包括统一设计统计调查制度和软件、规范统计调查指标、建立调查表和调查问卷填报可行性测试制度、科学设计统计调查方法、规范统计调查工作流程五方面要求。

（3）审批备案环节的质量控制，包括任何统计调查项目实施前必须审批备案，坚持必要性、可行性、科学性原则，按时公告已经批准的统计调查项目。

（4）任务部署环节的质量控制，包括统一发文布置、落实人员经费设备、确定调查对象、按时提供调查所需基础信息、做好软件支持、做好人员培训。

（5）数据采集环节的质量控制，包括提前通知调查对象，按时准确采集数据，避免人为干扰，强化数据审核、数据质量抽查等方面的要求。

（6）数据处理环节的质量控制，要求按制度规定处理数据、数据加工处理方法要科学、查明数据加工处理过程的疑点、确保可比性和一致性、保证数据时效性、规范数据反馈。

（7）数据评估环节的质量控制，包含制定科学、可操作性强的评估制度，严格实行数据评估和核实制度。

（8）数据发布与传播环节的质量控制，要求依法发布数据、按时发布统计数据、做好数据发布解读、方便用户获取统计数据、重大数据修订要公开透明、注重搜集用户意见。

（9）统计分析环节的质量控制，包括重视数据的深度挖掘和分析、对外发布的统计分析报告中不得使用涉密数据。

（10）整理归档环节的质量控制，要求健全整理归档制度、保证归档统计资料规范完整。

（11）综合评估环节的质量控制，要求综合评估方案要科学合理、评估过程要公开透明、评估结果用于质量改进。

（三）统计质量保障措施

为切实保障并全面提高统计质量，《框架》按照全要素质量管理的要求，提出了以下五个方面的建设作为保障措施。

（1）加强统计法制建设，进一步健全和完善统计法律法规制度，加强统计普法宣传和统计执法检查，积极开拓与我国国情相适应的统计法制工作，确保统计法律规定的各种要素、要求、程序和办法得到落实。

（2）完善统计体制机制，要进一步建立和完善各项统计体制机制，确保统计机构和统计人员依法行使独立调查、独立报告和独立监督的职权，充分整合利用各种统计资源，全面理顺统计工作中的关系，建立健全统计数据的核查和评估机制，保证统计工作高效、有序开展。

（3）规范统计制度方法，建立科学的统计调查制度，制定统一规范的统计指标和分类标准，采用科学合理的统计调查方法，不断提高统计工作的标准化和规范化水平，保证统计数据的准确性、及时性、可比性和一致性。

（4）优化统计资源配置，要坚持充分尊重统计人才，合理安排统计经费，优先解决人才培养、技术更新、设备改造等事关统计工作长远发展的重点领域的资源需要，加强基层基础建设，不断提高统计能力和质量。

（5）建设以质量为核心的统计文化，要坚持在统计系统内培育以质量为核心的统计文化，将统计质量作为衡量统计人员业绩的重要依据，增强全体统计人员的质量意识，鼓励全体统计人员爱岗敬业、不断学习、积极创新、不断探寻提高统计质量的新途径。

七、统计数据质量管理的比较分析

通过上述对国内外统计数据质量含义和要求的梳理可以发现，在统计数据质量内涵、框架、方法的比较上，各国际组织间都有其自身的特殊性，但同时也有共性的方面，具体如下：

（一）关于统计数据质量含义

一方面，各个国际组织都是从多个维度界定统计数据质量。数据质量是多维的，除了准确性之外，还包括诚信、方法健全性、适用性、可获得性、一致性、可比性等多个方面，各个国际组织都是从多个维度来界定统计数据质量的。

另一方面，各个国际组织提出的各个质量维度既有相同点也有不同点。每个国际组织提出的质量维度并不完全相同，一些维度具有一定的对应性，同时也存在一定的差异，如各组织均特别注重准确性和可获得性，而 IMF 特别提出了质量的先决条件和可靠性，OECD 特别提出了可信性，欧盟还强调准时性、清晰性和可比性。

（二）关于数据质量整体框架

（1）国际组织的数据质量框架大多采用层级式结构。IMF、ESS 和联合国的数据质量框架采用的都是层级式结构，遵循从一般到具体的思路对数据质量进行深入的分析。

（2）不同国际组织的数据质量框架的侧重点有所不同。如 IMF 制定的 DQAF 主要关注与数据质量有关的统计体系的管理、核心统计程序以及统计产品的特征，强调的是对数据质量的评估，并且除了通用框架之外，又细分了七个专用框架；OECD 的统计活动质量框架侧重于对统计活动各个环节质量的评估和管理；欧盟和联合国的数据质量框架从制度环境、统计过程与统计产出等三个方面关注对统计过程和结果的质量保证。

（三）关于数据质量评估方法

有的国际组织以统计产品为导向进行质量评估，评估方法主要是采用定性评估，针对数据质量的各个维度设定评估指标，如IMF。有的以统计生产过程中的统计活动为导向，利用质量清单进行定性评估，针对数据生产过程的每一个阶段设定评估指标，如OECD。有的则关注统计产出、生产过程和用户感知三个方面，但总体上也属于以统计产品为导向的质量评估，评估方法上侧重于定量评估，如欧盟。

八、统计数据质量管理经验启示

通过对各个国际组织及我国统计数据质量的分析研究，相关经验启示如下。

（一）良好的制度环境是统计数据质量控制的基本保障

（1）要保持政府统计工作的独立性，这是保证数据客观、准确的基石。各国际组织统计规范和相关法律均强调统计机构的独立性，防止权力干预数据质量，联合国在《官方统计基本原则》里也明确规定，统计方法的选择、发布的内容、发布时间等免于政治干预。

（2）要对数据收集进行授权。各国际组织和国家都通过制度或法律明确授权负责收集国家机构单位或经济单位信息的组织，并有权惩罚不履行义务的单位。

（3）要对数据保密作出规定，以得到真实的统计数据。当前大部分国家的统计法都有对被调查者提供的统计数据进行保密的规定，避免根据提供的数据对被调查者进行处罚，这有利于得到被调查者的信任，从而使其提供真实可靠的统计数据。

（二）统一的质量标准是把控统计数据质量的关键要素

为对统计数据质量进行规范，各国际组织和一些国家的统计机构都制定了严格的统计数据质量评估与实施标准，为各个数据提供者制定了遵循的规范以保障不同部门和来源的数据具有一致性，防止系统性风险。如欧盟统计局和欧洲各国的统计局共同制定了一套完整的通用质量工具，即《欧洲统计系统质量报告标准》，为欧盟各国及相关单位编写综合质量报告提供了参考。各国统计局也制定了相应的质量政策、标准和工具，如加拿大统计局的《质量导则》，美国统计局的《保证和提升联邦机构信息发布的优质性、客观性、有用性和完整性的指南》等，都为开展统计工作和保证数据质量提供了指导。

（三）有效的质量评估是质量控制的重要手段

各国际组织和各国统计机构均把质量评估作为质量控制的重要内容，并贯彻始终，边评估边调整。特别是重视统计数据质量的内部自我评价，同时邀请学术机构、国际组织或外国统计机构的专家参与本国统计数据质量的外部评估。比如美国统计局建立了统计数据质量审计制度，开展第三方事后评估工作；加拿大统计局和荷兰统计局建立了统计数据审计制度，由审计人员围绕数据质量标准，进行统计数据加工过程和数据结果质量的系统评价，并在这些审计结果的基础上，提出对统计工作的改善建议；澳大利亚统计局通过数据质量的五个标准（准确性、数据修正幅度、相关性、覆盖面和可获得性），进行国际收支平衡表的数据质量评估；瑞士统计局还邀请加拿大统计局局长对该国统计数据的总体状况进行审查，分析存在的问题并提出改进措施，通过数据质量评估工作进一步监督和提升数据质量。

第三章

水利固定资产投资统计数据 质量控制体系研究

党的十九大以来，水利部深入贯彻落实中央关于深化统计体制改革、提高数据真实性的意见精神，准确把握新时代水利统计工作面临的新形势新任务，不断完善水利统计体制。本章在系统梳理国家对提高统计数据质量有关要求和水利部对提高水利固定资产投资数据质量具体要求基础上，总结水利统计数据质量控制中存在的主要问题，充分借鉴国内外有关经验，初步提出水利固定资产投资数据质量控制体系。

一、新形势下对水利固定资产投资统计数据质量控制的要求

推进统计现代化改革，是以习近平同志为核心的党中央从党和国家事业发展全局出发，对加强统计工作作出的重大部署。要深刻认识推进统计现代化改革的重要意义，科学判断改革面临的机遇和挑战，系统把握改革的丰富内涵，深入分析改革的鲜明特征，坚持以党的建设为引领、以数据质量为根本、以深化改革为动力、以科技创新为支撑、以法治监督为保障，努力实现"十四五"时期推进统计现代化改革的主要目标，推动统计数据质量的持续提高。

（一）国家对提高统计数据质量的有关部署

党的十八大以来，党中央、国务院高度重视统计工作。习近平

总书记多次就提高基础数据质量、服务国家宏观决策作出重要指示。党中央近年来陆续出台多个文件，对统计工作具有重大指导意义。

1. 完善统计体制，强化集中统一领导

党的十九大报告提出完善统计体制，提高统计数据质量，加快形成推动高质量发展统计体系的重大部署。

《中华人民共和国统计法》规定，国家建立集中统一的统计系统，实行统一领导、分级负责的统计管理体制。

《中华人民共和国统计法实施条例》第三十二条规定，县级以上人民政府有关部门在统计业务上受本级人民政府统计机构指导；第三十三条规定，县级以上人民政府统计机构和有关部门应当完成国家统计调查任务，执行国家统计调查项目的统计调查制度，组织实施本地方、本部门的统计调查活动。

《国务院办公厅转发国家统计局关于加强和完善部门统计工作意见的通知》提出，各部门要按照规范统一、分工合理、合作共享的要求，加快建设制度完善、方法科学、行为严谨、过程可控、信息化程度较高的部门统计调查体系。

这些政策、法律和规定充分体现了我国统计体制机制改革和发展的方向，对建立集中统一领导的统计管理体制、实现现代化高质量发展的统计体系具有重要意义。

2. 强化统计责任担当，确保数据真实准确

为保证统计数据的准确性、真实性和可靠性，除了需要依靠法律对统计部门的统计行为进行约束，更需要加强统计部门人员对统计责任的认识。作为统计资料的提供者，统计部门和统计人员是保证数据质量的源头关，因此，提高统计人员责任意识，强化统计责任担当，是统计数据质量的基础保障。我国现已出台多项条款，对落实统计责任，保障数据质量作出重要规定。

《关于统计机构负责人防范和惩治统计造假弄虚作假责任制规定（试行）》第三条规定，要健全防范和惩治统计造假、弄虚作假责任制，严肃追究对统计造假、弄虚作假责任人责任；第五～九条明确了各级统计机构班子成员的主体责任。

《防范和惩治统计造假、弄虚作假督察工作规定》第七条第四款规定，要落实防范和惩治统计造假、弄虚作假责任制，追究统计违纪违法责任人责任；第九条明确统计督察的工作流程，对督察过程中出现的问题提出了相应解决方法。

《中华人民共和国统计法实施条例》第四条规定，统计调查对象应当真实、准确、完整、及时地提供统计材料；第十七条规定，统计调查对象提供统计资料，应当由填报人员和单位负责人签字，并加盖公章；第十九条规定，县级以上人民政府统计机构、有关部门和乡、镇统计人员，应当对统计调查对象提供的统计资料进行审核。

这些规定明确了统计人员在提供数据时的法定责任和义务，为提高统计数据真实性、准确性、完整性和及时性奠定了工作基础。

3. 加大监督检查力度，严惩统计违法行为

党的十九届四中全会将"发挥统计监督职能作用"作为坚持和完善党和国家监督体系的一项重要内容，依法统计、依法治统成为确保数据质量的重要手段。这就要求统计人员开展统计工作时应严格依照统计法律法规实施调查，坚决防范和惩治统计造假、弄虚作假，捍卫统计数据质量。

《中华人民共和国统计法》第五章对监督检查提出了明确规定，国家统计局组织管理全国统计工作的监督检查，查处重大统计违法行为，在调查机构履行监督检查职责时，调查对象应如实反映情况，提供相关证明和材料。

《关于统计机构负责人防范和惩治统计造假弄虚作假责任制规定（试行）》第十五～十六条明确了各级统计机构负责人出现违纪违法、依法治统不力等情形时，相应的追究责任措施。

《防范和惩治统计造假、弄虚作假督察工作规定》为构建防范和惩治统计造假、弄虚作假督察机制，推动各地区各部门严格执行统计法律法规，确保统计数据真实准确做好统计制度保障。

《关于更加有效发挥统计监督职能作用的意见》提出要强化统计监督职能，提高统计数据质量，加快构建系统完整、协同高效、约束有力的统计监督体系。要加强对贯彻新发展理念、构建新发展格局、推动高质量发展情况的统计监督，重点监测评价国家重大发展战略实施情况、重大风险挑战应对成效、人民群众反映突出问题解决情况等。

以上规定充分显示了党中央依法统计依法治统的信心和决心，为切实提高统计数据质量提供了法治保障。

（二）推动新阶段水利高质量发展对统计数据的质量要求

新阶段水利工作的主题为推动高质量发展，这是对表对标习近平总书记重要讲话精神，准确把握党和国家事业发展大局，科学分析水利发展历史方位和客观要求，综合深入判断作出的战略选择。水利高质量发展要围绕全面提升国家水安全保障能力这一总体目标，全面提升水旱灾害防御能力、水资源集约节约利用能力、水资源优化配置能力、大江大河大湖生态保护治理能力，要重点抓好六条实施路径，为全面建设社会主义现代化国家提供有力的水安全保障。

1. 完善流域防洪工程体系

防洪工程体系要从流域整体着眼，按照流域单元来规划建设和调度运用。把握洪水发生和演进规律，进一步优化流域防洪工程布局，该工程体系主要由水库、河道及堤防、分蓄滞洪区组成，因此，构建现代化高质量防洪工程体系，就是要提高河道泄洪能力，增强洪水调蓄能力，确保分蓄洪区分蓄洪功能。

要做好以上工作，水利固定资产投资统计数据需充分发挥信息职能、咨询职能。水利固定资产投资统计对水安全保障工程涉及的江河湖泊治理，重点区域排涝能力建设，大中小型病险水库除险加固，新建中、小型水库等水利基础设施建设项目进行全面跟踪，及时反映防洪工程体系建设规模、资金来源、取得的效益等，为领导决策、进行有效的宏观调控管理提供依据。

2. 实施国家水网重大工程

当前，我国水资源配置与经济社会发展需求不相适应，构建"系统完备、安全可靠，集约高效、绿色智能，循环通畅、调控有序"的国家水网，要全面增强我国水资源统筹调配能力、供水保障能力、战略储备能力。

国家水网骨干工程是"两新一重"的重要内容，要按照推进基础设施高质量发展的要求，做好高质量推动重大工程前期、高标准推进重大工程建设、多渠道争取水利建设投资等三项工作。水利固定资产投资统计数据发挥着重要作用，通过月报、年报数据反映国家水网骨干工程的开工情况、建设进度、资金来源以及发挥的工程效益等。

3. 复苏河湖生态环境

进入新发展阶段，人民群众对优美生态环境的需求日益增长，为提升水生态系统质量和稳定性，需要从河湖生态保护治理、地下水超采综合治理、水土流失综合治理三方面推进。

水利固定资产投资统计将紧密跟踪水生态治理工程、水土保持工程建设、水系连通及农村水系综合整治工程等建设项目，及时反映工程进展、资金来源、生态治理及修复效益等内容。

4. 推进智慧水利建设

按照构建具有预报、预警、预演、预案功能的智慧水利体系的目标，以数字化、网络化、智能化为主线，以数字化场景、智能化模拟、精准化决策为路径，这对水利统计数据提出了更高要求。水利建设投资项目的建设规模、投向领域、地域分布等与GIS地图的结合展示，以及未来工程建成后的模拟输出都要求水利建设项目的统计实现从规划、前期、计划到统计的全过程数字化。

当前，水利信息化建设正处于飞速发展阶段，在通信、网络、计算机等技术的运用上都获得了令人瞩目的成就。云计算、无线传感等技术越发成熟，在此基础上智慧水利工程的建设也得到了进一步发展，由数千台或更多服务器组合形成的云计算平台，可以为智慧水利工程建设提供所需的计算操作与存储容量，实现实时对数据进行计算、储存、管理等操作。这就要求我们更加重视水利统计数据的质量，数据质量直接影响智慧水利平台和智慧水利设施的服务质量。

5. 建立健全节水制度政策

节约用水涉及生产、生活、生态各领域。要坚持量水而行、节水为重，从观念、意识、措施等各方面把节水摆在优先位置，建立健全水量分配、监督、考核的节水制度政策，全面提升水资源集约节约安全利用水平。

强化节约用水监督管理工作，有必要建立节约用水统计制度，结合水资源监控能力建设，推动完善用水计量设施。加强重点用水单位节水监管，做好基础台账，定期开展监督检查，推动水资源节约高效利用、废污水处理回用和非常规水综合利用，确保节水工作落实到位。

6. 强化体制机制法治管理

推进水利重点领域和关键环节改革，加快破解制约水利发展的体制机制障碍，就需要进一步完善水法规体系，促进各方面制度更加成熟、更加定型，不断提升水利治理能力和水平。

"十四五"期间，按照实现水利治理体系和治理能力现代化的要求，应健全水利统计制度体系，营造良好的水利统计环境，提高依法统计能力。针对水利统计薄弱环节，建立健全监管法治体制机制，强化全过程、全要素监管，提升统计数据质量监管水平，加强水利统计分析研究，加快研究成果推广应用，提高水利统计对水利发展的贡献率，为水利高质量发展提供有力统计支撑。

（三）强化投资计划管理对统计数据质量的要求

根据工程建设投资计划管理的要求与特点，组建科学有效的投资数据质量管控体系是实现投资管理的工作保证。数据质量对投资计划的规范管理发挥着重要作用，一方面，可跟踪监控工程建设所需资金及时足额到位；另一方面，可一定程度预防概算外项目的发生。保证项目投资管理目标的顺利实现。

1. 中央投资计划执行

在日常投资计划管理中，中央水利建设投资统计月报是跟踪掌握水利建设项目进展、考核省级水行政主管部门投资计划执行的重要依据，主要围绕当年中央水利建设投资计划进行统计，内容包括中央预算内投资计划执行情况、中央财政水利发展资金执行情况等。

月报中投资计划、下达、拨付、完成、工程量、投资效益等指标，能够清晰反映工程的进展情况，这对月报统计数据的质量提出了严格要求。一是要求数据的准确性，在数据填报时，经常发生人为错误，例如有对象漏报、数据漏填、单位换算错误、誊抄错误等，直接影响了基础数据质量；二是要求数据的及时性，在数据上报时，由于部分省份未在规定时间内进行数据上报，影响全国数据汇总的及时性；三是要求数据的一致性，在汇总过程中存在数据换算出错等问题，造成汇总数据出现较大偏差和失真。

2. 考核激励

2012—2018年，水利部制定相关考核办法，并对中央水利投资计划执行进行年度考核，规定投资计划执行考核与奖惩挂钩。中央水利建设投资统计月报作为考核的主要依据，每年定期进行两次考核，对考核单位的中央预算内水利投资计划执行情况和中央财政水利发展资金执行情况进行评分。考核内容主要包括投资下达、到位、完成、日常管理等情况，对年度综合考核结果为优良的单位在全国范围通报表扬，安排中央投资计划时予以倾斜，在前期项目审查审批工作中予以优先安排；对年度综合考核结果为不合格且整改工作进度慢、效果差的单位，水利部将商国家有关部门调减或暂停安排中央投资，并向有关省级人民政府或有关部门提出追究相关责任单位和责任人责任的建议。

2019年，水利部发出《水利部关于废止〈中央水利投资计划执行考核办法〉的公告》（水利部公告〔2019〕4号），取消对中央水利投资计划执行的考核。在年度国务院督查激励中,对年度落实有关重大政策措施真抓实干成效明显的地方,如"地方水利建设投资落实好、中央水利建设投资计划完成率高"等方面予以表扬和政策激励。水利固定资产投资统计数据质量就显得尤为重要。在对水利建设开工项目、落实投资、完成投资等指标的比较中,中央水利建设投资统计月报数据仍然是最重要的参考依据。地方配套投资到位率、投资计划完成率、重大项目与面上项目年度目标完成率、全口径地方投资落实情况等均依靠水利固定资产投资统计数据。

3. 稽察审计

定期开展水利稽察工作,是规范水利建设行为,促进水利建设项目顺利实施的重要保障措施。近年来,水利部及国家审计、稽察等部门不断加强对水利投资项目的监督检查,以水利投资统计数据为依据,发现了一些地方中央水利投资完成情况较慢、部分项目建设进度滞后、配套资金落实不到位等现象。

2020 年开始对水利建设投资项目数据质量进行核查,特别是带有中央投资的项目,着重对投资数据的全面性、完整性和准确性进行核查,要求数出有据,被核查单位提供相关的佐证材料。

当前,水利稽察实行分级组织、分工负责的工作机制,水利部负责指导全国水利稽察工作,对水利统计数据质量作出明确要求,强调各流域管理机构、省级水行政主管部门通过开展稽察工作,确保统计数据的真实性和准确性,提高重大水利工程项目和有中央投资的其他水利建设项目投资数据质量,准确反映项目建设管理、资金使用管理情况,推动项目工程建设。

二、水利固定资产投资统计数据质量控制存在的主要问题

承担水利统计工作的最初,尚未建立一套综合、全面的水利固定资产投资统计数据质量控制体系,质量管理要求和目标不明

晰，保障水利固定资产投资统计数据质量的措施尚不健全，这些问题在支撑工作中逐步解决、逐步完善。但应认识到，受党中央国务院新部署新要求、主管业务司局新任务新挑战等因素影响，在今后的工作中，仍然要不断解决统计数据质量控制出现的新问题。

（一）尚未形成系统规范的理论体系

数据质量控制是一种通过测量和完善数据综合特征来优化数据价值的过程。提高和保障数据质量，首先要建立规范的数据质量理论体系。虽然国际上有一些先进的统计理论、统计方法和数据质量控制体系，但能完全套用于水利固定资产投资统计数据质量控制的较少；全过程数据质量控制意识不够，重点集中在数据汇总审核阶段，对前置的统计设计、数据采集以及后置的统计分析阶段关注不够，导致数据质量控制的节点把握不到位；将数据质量简单理解为"准确性高即为数据质量好"，无法满足上级主管业务司局以及社会各界对水利固定资产投资统计数据质量的要求；统计数据质量控制中采取的一些审核方法未能及时总结、形成固有方案、建立较为规范的理论体系。

（二）质量控制的制度方法有所欠缺

1999 年编制的《水利统计管理办法》已不适应新形势要求，缺少对水利统计数据质量控制的总体要求；水利固定资产投资统计的调查方法主要采用全面调查的方法，对大中型项目开展重点调查较为缺失，导致数据质量控制把握不住重点，重点项目和面上项目顾此失彼；水利固定资产投资统计内容涉及项目基本概况、工程投资、工程实物量以及投资效益等，涉及指标类型多、内容广，但数据质量控制和评估分析方法较为单一，没能根据"指标特性"采取不同的数据质量控制方法；缺少规范科学的标准，难以对数据质量的技术要点进行明确规定，一些规章制度缺失，难以对地方水利固定资产投资统计工作起到指导和引领作用。

（三）水利统计技术手段有待提高

2006 年以前，水利固定资产投资统计主要依靠水利统计系统（单机版）收集数据，一旦水利统计任务发生变化，哪怕是最微小的，如指标单位的变化，也需要自上而下逐一下发单机系统的更新软件，以保持上下一致，一定程度上影响了统计工作的效率，无法保障数据的及时上报。只能等待各省级报送数据，无法了解各地市、各县的数据上报汇总情况；数据只能通过唯一格式接收，只能保证一台机器上的数据是完备的；数据的展示方式也较为单一，只有表格一种体现方式，这些制约因素直接影响了数据质量的及时性、准确性以及成果的表现形式。此外，关于水利建设项目的平台也存在多个系统，如与水利统计系统并存的有水利规划计划管理系统，中小河流治理、病险水库除险加固等业务系统，统计调查的内容互有交叉，彼此没有关联，给基层水利统计人员加重工作负担，影响工作效率和数据质量。

（四）水利统计保障措施有待加强

部分地区的水利统计机构、统计人员、统计工作机制尚不够完善，专业化程度低，特别是市县两级水行政主管部门，此种现象更为突出，具体表现如下：一是基层水利统计人员流动性强，新老交替频繁，临时抓壮丁的现象时有发生，尚未形成完善的统计人员培训制度和人员工作保障制度；二是部分基层统计人员的专业知识水平较低，且以兼职人员为主，在专业、学历等方面与实际的统计工作要求相差甚远，对统计制度、统计法等概念不能够准确地把握，不利于相关统计数据的准确收集；三是没有形成科学规范工作流程，在数据的收集、整理、加工和汇总过程中，数据采集不全面，数据处理方法不正确，数据分析应用不完善等问题，都直接导致统计数据出现错误，影响水利统计数据质量❶。

---

❶ 孙玲. 论政府统计数据的全面质量管理策略［J］. 营销界，2020（48）：44-45。

三、构建水利固定资产投资统计数据质量控制体系

按照新形势下水利固定资产投资统计面临的要求，结合工作流程及特点，针对问题，从纵向维度、横向维度、立向维度提出水利固定资产投资统计数据质量控制体系。

（一）指导思想

贯彻习近平总书记关于治水工作、统计工作的重要讲话和指示批示精神，立足新时代水利统计工作特点，借鉴国内外经验，以提高水利统计数据质量为核心，按照系统性、科学性、可行性的基本原则，综合利用多种方式方法，构建水利固定资产投资统计数据质量控制体系，提高水利统计数据质量，为水利高质量发展提供决策支撑。

（二）基本原则

1. 系统性

由于系统中的各种因素之间互相联系和互相制约，水利固定资产投资统计数据质量控制体系需要反映系统的不同维度。在构建体系时应明确体系的多维度，同时要保证系统内部的维度之间相互协调，避免维度相互之间出现矛盾或重叠，力求体系里维度相对独立且逻辑融洽，最终使得体系可以全面系统地反映水利投资统计数据质量控制的内涵内容和系统特点，从而达到体系设计的整体最优。

2. 科学性

在进行质量控制体系设计时应尽可能以当前统计工作为基础来进行科学设置。要依据统计数据的功能，采用定量分析和定性分析相结合、绝对指标与相对指标相结合、动态指标与静态指标相结合以及正逆指标相结合的方法，从规模、结构、比例、速度、效益及其内部联系等多角度对有关水利投资项目的内容进行科学反映和揭示。

3. 可行性

统计数据质量控制体系的建立要具备可靠的统计工作基础，保证体系可监测、可操作、可核实。可监测是指数据质量控制流程能够被观测到，同时各个环节也能够有效反映相关的管理职能。可操作性反映在数据质量监测用可操作化的语言和有关测量工具来进行定义。可核实就是要求体系需要有规范、统一和可靠的数据来源，以保证相关管理评估能够进行对比与核实，以便最终提高体系的可行性。

（三）框架体系

根据新形势下水利固定资产投资统计的要求，综合考虑统计数据质量控制问题，以统计工作实施环节、数据质量评价标准、数据评估分析方法为切入点，研究构建纵向、横向、立向三个维度的水利固定资产投资统计数据质量控制体系（图 3-1）。

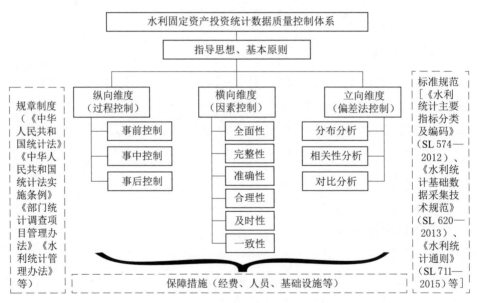

图 3-1　水利固定资产投资统计数据质量控制体系

1. 纵向维度

纵向维度质量控制是建立以数据生命周期、统计工作全过程为时间轴的数据质量控制方法。数据的产生和形成需要经过采集、收集、汇总的复杂发展过程，数据沿着时间轴逐步发展并形成最终结果。因此，按照时间轴把它分成采集、汇总、分析等三个阶段，对应数据处理流程即为事前、事中、事后等三个环节，和其他事物的产生相一致，每一个阶段、每个环节都会影响数据质量，想保证数据质量，要进行全过程控制，因此将它作为一个维度。

2. 横向维度

横向维度质量控制是以因素控制为核心的"要素论"。统计的本质是数据的整理汇总，从数据本身去考虑，统计数据既体现数据的产生过程，更有数据的群体与个体之间的联系。从群体角度来讲，个体数据质量直接影响群体数据质量，这就需要保证个体的准确度，群体之间相互联系、相互依赖。统计数据的质量是群体数据的质量，个体数据质量影响群体数据质量，要从个体数据的相互逻辑关系来把控整体数据的质量。借鉴国内外相关研究和实践经验，针对我国水利固定资产投资统计工作实际，选取全面性、完整性、准确性、合理性、及时性、一致性等六个要素作为评价标准，有针对性地进行质量控制，将其作为横向维度。

3. 立向维度

立向维度质量控制是通过分析预测与实采数据的差值的修正而进行的控制方法。单个数据和整体数据都有自身规律，人们总结的规律是从大量经验中分析得出的，在整理汇总历史数据的基础上充分分析得出结论，并通过当前现有的方法，对某一个事物进行预测，判断其落点，达到大量数据的可控。通过预测、经验验证手段等不同方法控制，根据趋势、规律预测未来，根据以往历史数据，建立这样一套数据体系方法，根据"数据"得出"数据"，根据数据"历史预测与结果"的差来判断数据的质量。因此，可以选取合理区间、阈值、相关性等分析方法，构成立向维度。

规章制度、标准规范、保障措施等方面，与纵向、横向、立向三大维度共同构成水利固定资产投资统计数据质量控制体系。其中，规章制度贯穿统计工作，可以保障统计流程的有序化、规范化；标准规范是统计工作的基本准则，对流程管理、规范统计工作、保障数据质量具有重要支撑作用；保障措施是开展统计工作的基础，经费、人员、基础设施等都是确保统计工作顺利开展的根本保障。

第四章

纵向维度：全过程质量控制体系

结合数据全生命周期理论和水利统计管理及工作流程看，统计数据质量控制是一个动态和连续的过程。纵向维度分析，体现在全过程的质量控制，即为了保证统计数据达到应有的质量标准，从组织、管理、方法、技术等方面，对统计活动和统计数据误差开展预防、检验、评估和校正等质量控制活动，从事前预防、事中监督、事后补救等各环节做好质量管理和控制工作，保障数据"来之有据""处之有据""用之有据"，确保各环节质量控制标准得到满足。

一、全过程数据质量控制工作原理

广义上，全过程数据质量控制是指对每个可能引发数据质量问题的阶段，如计划、获取、存储、共享、维护、应用、消亡等，进行识别、度量、监控、预警等一系列管理控制活动，并通过改善和提高数据生产作业流程的管理水平、组织水平、风险控制技术等方面的能力使得数据质量获得进一步提高。数据质量控制的终极目标是通过提高数据质量的可靠程度，从而提升数据在使用中的价值。

（一）数据全生命周期管理

数据的生命周期是从数据规划开始，经过设计、运营、应用、管理等阶段并不断循环的过程，如图 4 - 1 所示。系统的数据质量管理应贯穿数据生命周期的全过程，覆盖数据起源规划、数据调查制度设计、数据质量标准建立、数据问题审核诊断、数据分析应用、数据管理、优化完善等方面。

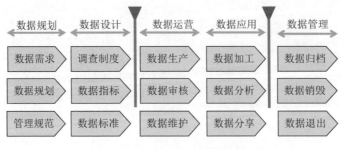

图 4-1　数据生命周期图

（1）数据规划。从行业管理的战略角度开展顶层设计、整体规划，做好数据需求计划、数据标准定义，建立数据生产治理体系，制定数据管理规范等，把数据质量控制理念融入到行业发展战略中。

（2）数据设计。推动数据标准化制定和制度化贯彻执行，要求统一报表制度，统一数据分类、数据编码、数据存储结构等，为数据的采集、集成、交换、共享、应用奠定基础。

（3）数据运营。数据运营包括数据生产、审核、维护、修复、监控等流程，是元数据从创建到输出经历的过程，是执行数据设计标准、规范数据质量的阶段，动态管理、系统保证数据的准确性、完整性等质量要素。

（4）数据应用。在保证数据输入端符合质量控制要求基础上，对数据进行加工、挖掘、分析、包装、分享等操作，是数据具体应用环节的内容。

（5）数据管理。数据归档是对数据及数据的存储采取相应的操作手段，数据销毁使数据彻底消失且无法通过任何手段恢复。数据的退出管理也非常重要，本该归档或者清除的数据和活跃数据混淆在一起，将严重影响整体数据质量和数据管理效率，另外规范严格数据管理机制也是数据安全性的要求。

（二）水利统计管理"四边形"模式

遵循统计工作基本流程，目前水利统计采用报表制度作为主要调查形式，由水利部负责统计顶层设计，实行逐级报送、超级汇总的方式，具体组织方式是按照"水利部设计统计报表制度、自上而下逐级布置统计任务、基层单位组织数据采集和填报、自下而上汇总上报形成数据库"来开展的，基本架构可以用"四边形"模式来概括说明，见图4-2。

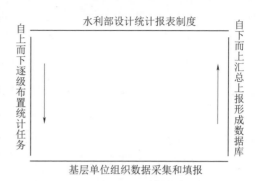

图4-2　水利统计管理"四边形"模式框架图

具体管理流程包括以下环节：

1. 统计设计

统计设计是根据统计研究对象的性质和业务需求，对统计具体工作各个方面和各个环节的通盘考虑、整体规划，主要内容包括统计指标和指标体系的设计、统计分类与分组设计、统计部门和统计力量的组织与协调等。水利建设投资统计设计由规划计划司组织相关领域的专家根据水利发展规划制定的目标、当前水利重点工作和统计调查需求，开展报表制度的设计，确定调查指标，理清指标解释和审核关系，明确填报说明，形成完整的报表制度。

2. 统计调查

统计调查是一项统计任务确立部署后，按照统计计划和统计方案，有计划、有组织地向调查对象搜集材料，组织开展统计工作的过程。目前采用最多的统计调查方式是全面调查，通过定期报表制度进行数据采集。

（1）下发报表。出水利部召开统计工作布置会，下发报表制度，向各流域、省（自治区、直辖市）及有关部直属单位布置当年及次年统计任务；各流域、各省（自治区、直辖市）根据本地区情况，逐级布置工作。

（2）基层填报。统计报表布置到统计单位，一般为县级水利（务）局，或者部级直属单位、项目建设单位等，统计单位在规定时间内从项目建设单位或其他相关调查对象中获取基础数据，或组织本级水行政主管部门的其他业务处室按要求进行填报。填报可通过专门统计系统或以电子表格的形式。

（3）审核报送。基层统计单位完成填报后，对数据进行审核，确保数据准确无误后逐级报送；通过统计系统或电子文件报送的同时，同步报送签字盖章的纸质表格。

3. 统计整理

统计整理包括对统计资料进行审核和订正、分组或分类、归类汇总、绘制图表等。水利统计各级部门承担相应的本区域范围内的统计整理、汇总审核工作，最终数据报送至水利部。部级水利统计支撑单位对全国数据进行汇总、审核和整理，并向主管部门提交初步成果。

4. 统计发布

分析整理后的统计资料，将最终的分析结果用统计图或者统计表的形式呈现。编制各类统计成果，并通过网站、报纸、正式出版物等形式对外发布，同时编制内部出版物和相关统计分析报告。

水利统计管理"四边形"模式工作流程见图 4-3。

（三）全过程数据质量控制设计

立足数据全生命周期理论，结合水利统计管理"四边形"具体工作流程，可将水利固定资产投资统计工作划分为事前、事中和事后三个阶段，开展全过程的统计数据质量控制设计。具体地，事前阶段包括统计规划设计和组织管理体系创建等；事中阶段为具体统计调查实施；事后阶段为统计数据的应用分析和成果发布等。

1. 事前控制设计

（1）事前控制的工作原理。事前控制主要是发现潜在的问题并及早预防。应当注意的是，事前控制是一种积极的控制活动，通过预判潜在的风险和问题，超前谋划、及早预防。一般地，在管理学

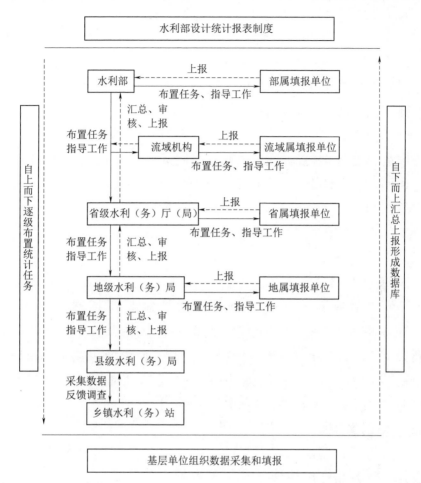

图 4-3 水利统计管理"四边形"模式工作流程图

层面主要通过建立配套的标准、办法、管理、制度等开展事前控制措施。如在一项活动开始前对该项活动的计划、对可能发生的问题进行预测等都属于事前控制的范围。

（2）事前控制的内容和目的。事前控制是指在组织活动开始前进行的控制。事前控制包括对整个活动计划（包括各项准备工作）、活动目标的确定，对需要投入的各种资源进行控制，其工作重点是防止组织所使用的资源在质和量的方面产生偏差。在通常情况下，事前控制有两个基本目的：一是保证组织即将开展的活动有明确的目标；二是保证各类资源要素合理分配以实现目标。

2. 事中控制设计

（1）事中控制的工作原理。事中数据质量的控制，即在数据的生产过程中去监控和处理数据质量。通过建立数据质量的流程化控制体系，对数据的新建、更新、采集、审核、加工、处理、汇总等各个环节进行流程化控制。

（2）事中控制的内容和目的。事中控制即在某项活动组织实施过程中进行的各项控制措施。事中控制的主要特征是在工作过程中进行纠偏，包含根据活动过程中出现的各种情况进行纠偏、把控、调整等行为，是一种积极的控制活动。加强事中控制，及时发现并解决工作中存在的问题，对提高组织的运行效率与工作水平具有重要意义。

3. 事后控制设计

（1）事后控制的工作原理。事后控制利用反馈信息实施控制，控制的重点是后续的生产活动。它是在某一组织活动告一段落后，通过取得有关数据资料，根据活动结果与计划目标或控制标准的对比，分析偏差原因，提出矫正措施。其作用是在周期性重复活动中，避免下次活动发生类似问题，消除偏差对后续活动的影响。

（2）事后控制的内容和目的。事后控制主要体现在对事件结果的管理上，是指在组织活动结束后根据工作结果进行的控制。这类控制的基本思路是对组织活动的结果进行比较、分析、评价，以期对以后的工作改进提供积极的借鉴作用。

二、水利固定资产投资统计数据质量事前控制

事前控制主要从"来之有据"的维度保障数据质量，即从统计组织活动开展源头进行数据质量风险把控，通过建立健全完善的水利统计管理体系、加强统计调查制度设计、优化统计业务流程等各项环节，从管理体系、制度体系和组织体系的层面，对统计数据的来源开展事前质量控制，保障数据"来之有据"。

（一）管理体系层面：健全水利统计数据质量控制管理体系

不论是国外还是国内，都能找到很多数据治理成熟度评估模型、数据质量评价标准等方面的理论框架，但对于数据质量管理的方法论，业内还没有一套科学、完整的数据质量管理的体系。不可否认的一点是，数据质量管理不是一时的数据治理手段，而是循环的管理过程。因此，可合理地运用管理学领域著名的戴明质量管理理论即 PDCA 循环❶，使数据质量管理标准化、制度化，帮助数据质量的提升。结合水利固定资产投资统计特点和水利投资计划管理工作体制现状，在健全水利统计数据质量管理体系方面引入 PDCA 管理理念，从顶层设计的思路制定数据质量管理的"路线图"，是水利固定资产投资统计数据质量事前控制阶段最重要的工作。

1. 在管理体制方面

为健全水利统计数据质量管理体系，推动水利统计管理制度建设，水利统计工作者持续不断地开展了大量工作，为依法推进水利统计奠定了扎实基础。1999 年，水利部就出台了《水利统计管理办法》，2014 年又进行了全面修订，建立了"统一管理、分级负责"的水利统计管理体制，明确了各级水利部门的统计工作职责、统计调查要求和责任追究机制，保障水利统计依法依规、高效运行。

2. 在工作机制方面

在水利部层面，建立了规划计划司归口管理、各相关司局分工负责、事业单位和流域管理机构业务支撑、学术团体配合的水利统计工作机制，合力加强对各项水利统计工作的组织管理。在地方层面，地方各级水利部门也明确了统计工作机构和统计监管责任，逐

---

❶ PDCA 循环是美国质量管理专家休哈特博士提出的全面质量管理方法，由戴明采纳、宣传，获得普及，所以又称戴明环。其含义是将质量管理分为计划（plan）、执行（do）、检查（check）、处理（act）四个阶段。这一工作方法是质量管理的基本方法。

级履行统计调查、汇总审核、质量控制等职责，不断提升水利统计工作能力。

3. 在标准规范方面

水利部颁布了《水利统计通则》（SL 711—2015）、《水利统计基础数据采集技术规范》（SL 620—2013）、《水利统计主要指标分类及编码》（SL 574—2012）等一系列标准规范，构建了水利统计工作的基础规范和标准体系，保证了水利统计工作的规范性和严肃性。

4. 在制度办法方面

强化底线意识，树立统计工作纪律规矩，提高统计数据真实性以及时刻防范和惩治统计造假、弄虚作假，是开展水利固定资产投资统计工作的根本要求。为进一步健全水利统计工作责任制度，在系统梳理数据质量管理任务，强化各级统计管理机构和统计人员责任的同时，水利部研究制定并下发执行《水利部办公厅关于建立防范和惩治水利统计造假、弄虚作假责任制的通知》，建立分级责任体系，执行责任人报备制度，同时，在日常统计工作中，要求各级水利部门落实主管领导签审制度，层层把关、分工协作，将数据质量管理责任落到实处。

（二）制度体系层面：加强统计调查制度设计

1. 我国统计调查制度有关规定

统计调查制度是各级政府统计部门依法实施国家统计调查项目、部门统计调查项目和地方统计调查项目的业务工作方案和综合要求；是关于统计标准、统计指标、调查目的、调查内容、调查方法、统计对象、统计范围、调查组织方式、调查表式、调查频率、统计资料的报送和发布等要素的规范表述和统一规定，具有权威性和法规约束性。在我国，为规范统计调查工作，依据《中华人民共和国统计法》及有关规定，国家统计局制定了《国家统计局统计调查项目审批和备案工作规程》和《部门统计调查项目管理暂行办法》等规章文件，对国家、部门和地方统计调查制度进行管理。

2.《水利建设投资统计调查制度》主要内容

水利建设投资统计各项工作的开展依托于《水利建设投资统计调查制度》（以下简称《调查制度》）具体规定，该《调查制度》根据《中华人民共和国水法》《中华人民共和国统计法》和《水利统计管理办法》等有关法律和制度规定，按照报表制度的基本要求编制完成，经国家统计局备案后实施。主要调查内容包括全面、系统了解全国水利建设投资的基本情况，及时跟踪投资计划下达、到位及完成情况，反映水利建设和发展成就；调查指标包括水利建设投资项目的基本情况、项目投资来源、投资计划下达、投资到位、投资完成、工程量及效益情况等。

《调查制度》中主要包含了两大统计任务，投资统计年报和投资统计月报。

（1）年报任务。水利建设投资统计年报要求填报中华人民共和国境内（台湾省、香港特别行政区、澳门特别行政区除外）当年在建的所有水利建设项目，包括水利工程设施、行业能力以及水利前期工作等项目。统计内容主要包括水利建设投资项目的基本情况、项目投资来源、投资计划下达、投资到位、投资完成、工程量及效益情况等。统计调查表共有6张，包括1张汇总表，即水利建设投资统计年报汇总表；5张基础表，包括项目概况表、项目总体投资进度表、项目分来源投资进度表、项目形象进度表和项目效益表。

（2）月报任务。中央水利建设投资统计月报要求中华人民共和国境内（台湾省、香港特别行政区、澳门特别行政区除外）纳入中央规划或计划的水利建设项目均应填报。统计内容主要包括中央水利建设投资项目基本情况、投资计划下达、投资拨付、投资完成、工程量及效益情况等。统计调查表共有3张，即1张汇总表；2张项目基础表，包括项目基本情况表和项目投资进展情况表。

此外依托《调查制度》，水利部开展了其他投资统计调查项目，如节水供水重大水利工程专报、水利发展快报和地方水利建设投资落实与完成统计月报等。

水利建设投资统计调查任务分类见表4-1。

表 4 - 1　　　　　　　水利建设投资统计调查任务分类

统计项目名称	调查频度	报　送　单　位	采集方式
中央水利建设投资统计月报	月度	部直属有关单位，各流域管理机构，各省、自治区、直辖市、区（县）水利（务）厅（局），新疆生产建设兵团水利局，计划单列市水利（务）局	直报系统
节水供水重大水利工程专报	月度	部直属有关单位，各流域管理机构，各省、自治区、直辖市、区（县）水利（务）厅（局），新疆生产建设兵团水利局，计划单列市水利（务）局	直报系统
水利建设投资统计年报	年度	部直属有关单位，各流域管理机构，各省、自治区、直辖市、区（县）水利（务）厅（局），新疆生产建设兵团水利局，计划单列市水利（务）局	直报系统
水利发展快报	半年度	部直属有关单位，各流域管理机构，各省、自治区、直辖市、区（县）水利（务）厅（局），新疆生产建设兵团水利局，计划单列市水利（务）局	直报系统
地方水利建设投资落实与完成统计月报	月度	部直属有关单位，各流域管理机构，各省、自治区、直辖市、区（县）水利（务）厅（局），新疆生产建设兵团水利局，计划单列市水利（务）局	直报系统

3. 调查制度设计中的质量控制要点

水利统计作为我国部门统计的重要组成部分，遵守统计相关法律法规规定，加强统计调查制度设计是保证数据质量的最根本前提。在设计环节，要确定需求，明确统计调查内容，将需求转换为符合规范的统计指标，并及时更新修订调查内容，保证数据的适用性；要通过统一设计保证数据的一致性；要严格执行统计标准和源头数据标准，保证数据的可比性；要明确指标含义、计算方法、采集标准，事先试行统计调查表，保证数据的可获得性；要选择切实可行的调查方法，保证数据的准确性和经济性；要合理安排工作程序和工作进度，保证数据的及时性。另外，《调查制度》要依法进行备案管理，对指标的规范性和调查方法的科学性进行把关，全面提高数据质量和统计调查工作的透明度，便于社会监督。

（1）确定需求环节的质量控制。

1）认真评估用户需求。各级统计机构要依据用户需求的重要程度、调查的难易程度、现有统计的满足程度以及财力等资源保障条件，统筹考虑和评估用户的需求，并按规定时间向用户反馈处理结果。要定期与用户进行交流和沟通，以保证调查内容与用户需求一致。

2）确定统计调查内容。各级统计机构要根据评估后的用户需求，明确调查内容、范围、方法、时间、经费预算等，并与相关单位沟通协调。新增或调整的统计调查内容必须经统计设计管理、财务及其他相关部门审核。

3）定期审查统计调查项目的适用性。定期对统计调查项目进行审查，广泛征求和了解用户的意见和评价，对于已经不能反映用户需求的调查内容，或者能够通过应用行政记录或其他调查获取的调查内容，应在规定时间内予以取消或调整。

（2）统计设计环节的质量控制。

1）统一设计统计调查制度和软件。由统计设计管理部门会同数据处理等相关部门对新增、调整的统计调查项目进行制度设计，以及数据采集、录入、审核、处理等软件设计，保证统计调查制度及软件的统一规范。在设计重大或新立项的统计调查制度时，应征求有关专家、基层统计人员和其他相关人员或单位的意见，以增强统计调查工作的科学性、合理性和可操作性。

2）规范统计调查指标。指标名称、口径、范围、计算方法、解释说明以及相关的目录、分组、编码等要规范统一，符合统计指标体系、统计分类标准和元数据标准。要求调查对象填写的指标要简约、易取得、可核查。调查表（问卷）、解释说明等要通俗易懂、可操作性强。

3）建立调查表和调查问卷填报可行性测试制度。对新的调查表和调查问卷要选择部分调查对象进行模拟试填，评估其填报的可行性，并按照测试评估意见对调查表和调查问卷进行相应修改。

4）科学设计统计调查方法。常规统计和专项调查要以周期性调查为基础，要明确调查范围和调查对象，调查数据获取的方法和现代信息技术手段、调查频率等方面内容要科学有据，合理可行。

5）规范统计调查工作流程。根据相关标准和规定，对统计业务流程各个环节制定科学、合理的工作流程和进度安排，以保证统计业务流程每个环节的顺畅运行和质量要求。

（3）审批备案环节的质量控制。

1）任何统计调查项目实施前必须审批备案。拟开展的统计调查项目及其配套的统计调查制度、方案必须按照《中华人民共和国统计法》和有关的统计调查项目管理规定审批或备案。

2）坚持必要性、可行性、科学性原则。统计调查项目要有充分的立项依据、明确的调查目的、合理的资料用途和服务对象，符合当前的职责分工；统计调查项目应当兼顾需要与可能，充分考虑基层统计机构和调查对象的承受能力和组织保障；统计调查项目的指标、口径、范围、方法、分类标准等要科学严谨，不得与已有的调查项目发生重复或冲突，重大、重要的统计调查项目必须经过研究论证或试点。

3）按时公告已经批准的统计调查项目。各级统计机构应在本级统计机构官方网站上按时发布经审批同意开展的统计调查项目及统计调查制度的有关内容。

（4）调查制度更新维护环节的质量控制。根据国家统计局要求，对部门统计调查项目实行有效期管理。2017 年的《部门统计调查项目管理办法》规定，审批的统计调查项目有效期为 3 年（2017年之前有效期为 2 年），备案的统计调查项目有效期为 5 年（2017年之前有效期为 3 年），到期后需经修订并重新报送国家统计局审批或备案。《调查制度》根据要求执行备案制，水利部目前使用的最新调查制度经国家统计局正式备案（国统办函〔2020〕232 号），有效期至 2025 年 7 月。

在有效期范围内，根据水利投资计划管理需要，《调查制度》日常更新维护具有一定的灵活性，小规模的修订可以在实际工作中及时调整并应用，如月报任务中资金来源类型需每年调整；涉及

《调查制度》结构性的修订内容或者有效期到期问题，则需统一更新制度并报国家统计局走审核备案流程。因此，在《调查制度》有效期内加强更新维护，及时更新制度规定，使之与实际统计工作要求相符合，是保障统计数据质量的重要工作内容。

（三）组织体系层面：优化水利建设投资统计业务流程

从组织体系层面思考，做好统计数据质量事前控制主要是对统计业务流程的优化设计，合理规划各环节的风险控制，主要包括建立调查对象管理、数据采集、数据审核、数据上报、数据反馈、数据发布、综合评估、统计能力培养等环节的规章制度或措施，将各环节工作标准化、流程化、规范化和常态化，保证统计调查工作必须的人、财、物，以及组织机构、统计信息技术等条件要落到实处，以保证统计业务流程每个环节的顺畅运行和质量要求。针对水利建设投资统计数据质量事前控制范围，重点包括以下业务流程：

（1）基础数据采集。依据《调查制度》规定，按照《水利统计基础数据采集技术规范》（SL 620—2013）等数据采集标准要求，在规定时间内，利用合理合法的数据采集手段进行数据采集，及时、完整地收集基层项目单位报表，认真审核基层项目单位上报的数据，对发现的问题及时进行查询更正。

（2）数据库监测管理。对固定资产投资项目数据库实行动态监测，确保项目的连续性、稳定性。

（3）数据录入。对于采集的基础数据，要按照规定的操作要求，在时限要求范围内，在统一的报送平台进行数据录入，并逐级上报。该过程中要确保不受行政干扰，尽量克服非系统性误差等因素，确保原始数据的真实性。

（4）数据审核。入库数据必须通过计算机程序审核和人工审核，对于审核中发现的问题和差错，必须要与项目单位进行核实确认，特殊情况必须有详细的文字说明，确保数据逻辑有序、准确无误。

（5）数据汇总。基层单位上报的报表数据经审核、查询、更正无误后，进行分级分类汇总。同时，汇总数据要对照上月和上年同期数据进行趋势性审核；对各种分组进行结构性审核，按照指标间相互联系进行关联审核。

（6）数据上报。严格按照统计责任分工，统计报表逐级报送，有关领导签字后，按时上报。

（7）成果公布与使用。严格执行主要数据发布公开制度，明确可公开统计指标内容、数据形式和输出平台，明确数据解读责任单位，未经上级审核反馈，不得对外公布使用。

（8）统计分析。针对投资执行管理中的重点、疑点、难点、热点问题，及时提供各种投资信息，积极开展统计分析，为各级行政管理和决策部门提供统计调查分析和咨询服务。

（9）数据质量评估。通过建立规范的数据质量评估管理办法，组建科学专业、公平公正的评估专家组，明确评估办法和依据，保障评估活动顺利开展，并确保评估结论得到利益相关者确认及合理应用。

（10）统计能力培养。结合水利建设投资统计任务特点，编制《水利统计制度与操作实务》❶培训教材，开展统计业务培训，培训内容包括统计基础知识、水利基础知识、水利工程建设运行管理、投资计划管理等方面，提高统计人员的业务素质，提升统计能力，保障统计数据质量。

三、水利固定资产投资统计数据质量事中控制

事中控制主要从"处之有据"的维度开展统计数据质量控制。即在数据的生产和加工过程中，通过建立数据质量的流程化控制体系，对数据的采集、填报、审核、上报、汇总分析等各个环节进行流程化控制，采用科学的方法进行数据处理。

---

❶ 吴强，等. 水利统计制度与操作实务［M］. 北京：中国水利水电出版社，2017。

（一）数据采集阶段

基础数据采集是获得统计数据的源头，数据采集环节的质量是影响整个水利建设投资统计数据质量的重要方面。水利投资统计数据在采集环节主要存在测量时出现误差和数据采集方法错误造成源头数据失实等问题。测量误差通常是由测量工具或测量人员的操作引起的，对统计数据质量影响较小；而错误使用数据采集方法将造成统计数据与真实值之间出现重大偏差，比如对形象进度工程实物量测算错误，将直接影响折算完成资金额。因此在数据采集环节，应严格按照《调查制度》和基础数据采集方法要求采集数据，同时创造条件加强基层统计人员业务能力培训，熟练掌握数据采集标准和方法。

不同的信息采集部门应根据数据质量、时限等要求，采用行政记录法、实测法和测算法进行基础数据搜集。行政记录法是主要依靠水利建设和管理活动中的业务记录、会计记录、统计记录和实测记录等开展数据搜集的方法，这些记录是明确经济责任的原始凭证，也是业务核算、会计核算、统计核算的依据。实测法适用于有实测记录的统计对象，如水利建设投资在防汛抗旱、水资源保护、水土保持等方面产生效益的基础数据采集宜在地面实测基础上结合卫星遥感法、航空测量法和航空摄影法等。测算法依据相关基础数据和技术参数进行，根据实际情况定期进行动态调整，宜用于没有实测记录或行政记录的农村水利和水土保持等面上小型、微型水利工程设施相关基础数据采集。

在实际统计工作中，应从实际出发选择不同的基础数据搜集方法以保障统计数据质量：乡镇水利管理单位的基础数据一般应采用行政记录法、实测法，特殊情况下可用测算法获取；水利工程建设、管理单位应采用行政记录法、实测法取得数据，规划设计中的技术经济指标应从经过上级主管部门审批的文件中获取。各级统计部门应做好水利投资计划管理文件梳理，做好基础台账管理，规范基础数据采集方法和途径。

1. 采集主体和组织实施

《调查制度》中的所有报表由项目法人单位或项目负责单位作为采集主体，按标准规范和专业技术手段调查、收集、监测、整理基础数据信息，并按规定流程组织实施分级报送至部直属有关单位、流域管理机构、各级水行政主管部门。部直属有关单位、流域管理机构、各级水行政主管部门应按照《水利统计管理办法》，明确具体负责部门，落实统计岗位和人员，结合业务管理，做好组织工作。

2. 采集时间

《调查制度》包括中央水利建设投资统计月报和水利建设投资统计年报两项统计任务，各项报表的报送时间、报送方式、填报方法及有关注意事项按《调查制度》中的说明和规定执行。月报是以月度为报送频次，每月 2 号前报送截至上月底的投资计划执行统计数据；年报以年度为报送频次，次年 2 月 28 日前报送截至上年底的统计数据。相应数据的采集时间以统计周期内月底和年底最后一天为节点。

3. 采集范围和内容

中央水利建设投资统计月报要求中华人民共和国境内（台湾省、香港特别行政区、澳门特别行政区除外）纳入中央规划或计划的水利建设项目均应填报。

水利建设投资统计年报要求填报中华人民共和国境内（台湾省、香港特别行政区、澳门特别行政区除外）当年在建的所有水利建设项目，包括水利工程设施、行业能力以及水利前期工作等项目。主要采集信息包括水利建设投资项目的基本情况、项目投资来源、投资计划下达、投资到位、投资完成、工程量及效益情况等，见表 4－2。

表 4－2　　　　　　水利建设投资统计采集基本信息

指标类别	指　标　名　称
项目基本情况	建设地址、项目类型、所属流域、建设性质、建设阶段、开工时间、全部投产时间、隶属关系、项目规模、投资计划下达批次等

续表

指标类别	指 标 名 称
项目总规模、计划、到位	总规模（中央与地方政府投资、利用外资、贷款、社会投资等）、累计安排、本年安排、累计到位、本年到位
项目完成投资	完成投资额（中央与地方政府投资、省级地市级和县级政府投资、利用外资、贷款、社会投资等）、累计完成、本年完成
工程实物量	全部计划、本年计划、累计完成、本年完成（土方、石方、混凝土、钢材等）
工程效益	新增/改善：水库库容、耕地灌溉面积、堤防长度、水土流失治理面积

（二）数据填报阶段

基础数据采集后，能否如实、规范地在投资统计填报系统中完整填报，是影响统计数据真实性和完整性的质量控制原则的重要因素。基层统计调查人员没有按照要求的操作流程获得并填报数据，或者由于其他原因擅自篡改基础数据等行为，是最为严重的数据质量问题。另外，在水利建设投资统计数据填报阶段，常见的基础错误类型也很多，例如有对象漏报、数据漏填、誊抄错误，以及万元与亿元、立方米和亿立方米之间单位忘记换算或换算错误等。

在数据填报环节，应通过加强统计责任人制度和统计执法检查来加强督导。对各类填报问题可以根据经验判断法加以判断甄别，引入技术控制手段，在系统填报过程中对数量级差异的数据提出预警提示或控制填报保存等。树立数据填报质量红线意识，落实统计责任人签字制度，严格防范和严厉处置统计数据造假和弄虚作假行为。同时在日常工作中建立规范的工作台账和数据记录，保证过程留痕来跟踪数据。

在数据报送环节，要加强报送形式、报送时限和报送流程的严谨规范。自2016年开始，中央水利建设投资统计月报和水利建设投资统计年报工作均采取联网直报的方式，采用水利统计管理信息系统（简称"直报系统"）全国联网直报水利建设项目投资进展各项统计数据。各县级、市级、省级水利统计单位登录系统，自下而上层层上报统计数据。

（三）数据审核阶段

数据审核阶段是对报送数据开展集中审查、发现问题错误并及时纠偏、保障数据质量的关键阶段。常出现的问题有项目基本情况表中项目资金来源类型填错、项目建设地址没有填到对应县级单位、所属流域填错、是否重大水利建设工程填错、项目建设阶段与建设性质不匹配等，资金执行进度表中投资下达、到位与投资计划出现逻辑错误等。数据审核阶段开展数据质量控制应从工作机制和技术手段两方面入手。

1. 健全数据质量审核工作机制

按规定的制度、程序和方法进行审核，建立统计对象单位内部自审、统计单位人员初步审核、统计单位组织相关专业人员联审或会审、上级单位组织质量抽查审核的全过程质量控制、全员质量控制、分级分类质量控制。在此过程中建立了有效工作机制：编制科学可行的数据会审工作方案，组织业务专家开展数据集中会审；建立重点指标❶数据会商制度以及部级水利统计工作联席会议制度，发挥专家"会诊"优势，集中解决异常数据，消除分歧。

2. 多措并举提升审核技术手段

在数据审核阶段质量控制的主要方法是计算机审核和人工审核相结合，计算机审核一般用于基础数据间逻辑关系、数据准确性、合理性审核，包括对基础数据搜集的内容、范围、数据间逻辑关系、计量单位、计算方法等的审核。人工审核一般运用统计参数、理论数据、经验数据进行内部一致性和外部一致性的分析判断。

实际工作中，应首先充分依靠直报系统内置逻辑判断公式开展机审，对机审异常提示逐项梳理，加强甄别判断；最重要的是在机

---

❶ 重点指标是指与水利发展五年规划目标或《政府工作报告》确定的年度任务目标直接相关、向社会公布公开或敏感度高、对行业管理有重要参考作用的统计指标，如中央水利建设投资计划月度完成投资、全年水利建设落实投资、完成投资等指标。

审基础上，配合人工经验判断审核。对上报数据进行基于规则的逻辑性审核，包括差额平衡和相关平衡审核，若不满足该项审核则说明统计数据存在质量问题；对满足上述逻辑规则的数据再进行基于相关性的逻辑性审核。完成数据逻辑性判断后，应从异常值角度对不存在逻辑问题的数据进行审核，考察是否存在明显偏离同类指标众数的数据。在投资统计月报工作中最常用的是环比分析，分类型投资计划与中央投资计划文件对账单比对；在基建年报中运用经验对比法，对同一类地域或者临近地区开展逻辑分析比对，以及对投资计划完成与项目类型、项目效益、完成工程量方面存在的内在逻辑开展进一步审核分析。

（四）数据上报阶段

数据上报环节主要存在上报不及时、报送流程不规范、报送资料不完整、报送数据质量不达标等问题。

（1）上报不及时。不能做到按照规定时限要求及时报送统计数据是最常见的问题，也容易被忽视，认为是小问题影响不大，忽略了数据及时性也是数据质量内涵的一个表达维度。例如在2019年水利建设投资统计年报数据上报中，按照统计报表制度的要求，应该在2020年2月28日上报的数据，有近一半的省份没有按时上报，最迟的直到4月份才上报，极大影响了水利统计数据的及时性和统计成果整体进度。

（2）报送流程不规范。各基层水利投资统计部门应按照"从下到上"的流程从县级、市级、省级再到水利部，经过层层审核确认、分管领导签字认可的程序正式报送数据。但在实际过程中，会出现数据报送的随意性和报送流程不规范，已报送的数据请求退回重报，重报过程中就免去了规范的签字程序，也相当于存档的带有单位盖章和领导签字的是一份过时的甚至有错误的数据。

（3）报送资料不完整。《调查制度》要求上报的数据要包括水利建设投资数据汇总表、数据审核说明、领导签字盖章等文件，但绝大多数省份都只上报了统计数据成果，报送资料不完整、不规范，影响对全国水利统计数据质量的进一步审核和评价。

（4）报送数据质量不达标。数据上报不够严肃，缺乏对数据的严格审核，上报数据存在逻辑错误、基础性错误等情况。

对于上述问题，该环节可采取的质量控制方法有以下三种。

（1）建立责任分级机制。严格落实责任分级机制，建立防范和惩治水利统计造假、弄虚作假责任制，坚决杜绝数据报送的随意性和不规范性，确保各项数据真实、准确、完整、有效。要严格执行数据报审程序，未经部门主要领导审签的统计数据不得报送使用，数据上报单位对报送数据的真实性负责❶。

（2）应用相应的技术手段。根据以往工作经验和年度投资计划管理掌握情况，提前预判各地区投资统计工作开展情况，通过系统催报、行政通知等技术手段，保障统计数据上报及时性、规范性，以及按照"随报随验"的原则，对于已核实填报有误的基层数据，及时退回并指导订正。

（3）建立配套的约束机制。建立恰当的约束机制，如以通报批评等惩罚机制来保障统计数据上报及时规范。

（五）汇总分析阶段

在月报或年报要求时点前，各地区完成投资统计基础数据审核报送后，下一个阶段就是开展全国汇总分析，根据最终统计成果发布形式开展统计汇总和统计分析，这也是进一步检查数据质量、开展统计数据质量控制的过程。

该环节出现的问题主要在汇总方法、汇总计算、汇总指标单位换算等方面，常见的问题可分为以下两类：一是单位换算出现错误，比如对工程量指标特别是体积的单位、千公顷和亩的换算等常常出现错误；二是在汇总过程中不注意单位的统一性，将不同单位的数据直接相加，例如将单位为千米和米的数据直接相加，将单位为万立方米和立方米的数据直接相加等，造成汇总数据出现较大

---

❶ 《建立防范和惩治水利统计造假、弄虚作假责任制的通知》（办规计〔2019〕204号）。

偏差。

由于统计工作中发生错误的情况不可避免，因此对汇总数据而言，一方面要减少错误的发生，另一方面也要了解错误发生的概率。可以对几类典型错误发生的概率进行统计，利用统计技术估计这些错误对汇总值影响的大小，并以此估计真实数值的区间。也可以通过地区对比法，依据地理、气候、水资源等条件以及社会经济发展水平等因素，对条件相似统计地区的各类统计对象的数量和分布、主要统计指标的绝对数或相对数进行比对，分析其合理性和匹配性。

四、水利固定资产投资统计数据质量事后控制

事后控制主要从"用之有据"的维度开展统计数据质量控制，即在统计数据成果产出、发布、维护和使用等不同情景中，采用有效的数据质量控制组织、制度、技术等方面措施，巩固和维护统计数据成果质量，确保统计数据的权威性、严肃性、真实性。

（一）统计数据分析

1. 统计数据分析与质量控制

统计数据分析是对经审核、处理后的最终确认数据，通过科学恰当的数据分析方法，将隐藏其中的规律、信息进行集中、萃取、提炼和挖掘，并提供决策支持的一系列分析过程。

统计数据分析过程中的质量控制比较复杂，由于统计成果分析更多具有探索性质，一般很难用对错来衡量。因此对统计分析成果的质量控制，一般需要用逻辑分析是否正确来判断，用分析结果与实际情况的一致性来检验。

2. 统计数据分析过程中质量控制要点

（1）重视数据的深度挖掘和分析。要保证分析数据来源可靠、分析方法科学、分析观点深入浅出，通过统计分析，开发更为丰富的统计产品，努力满足用户多样化需求。

（2）重视数据属性判别，严格数据保密管理。对外发布的统计分析报告中严禁使用涉密数据。

3. 常用统计数据分析方法

（1）比较分析法。比较分析法是统计分析中最常用的方法，通过有关的指标对比来反映事物数量上的差异和变化。指标比较分析法可分为静态比较和动态比较，其中静态比较是同一时间条件下不同总体指标比较，如不同部门、不同地区、不同国家的比较，也叫作横向比较；动态比较是同一总体条件下不同时期指标数值的比较，也叫作纵向比较。这两种方法既可单独使用，也可结合使用。

（2）分组分析法。分组分析法就是根据统计分析的目的要求，把所研究的总体按照一个或者几个标志划分为若干个部分，加以整理，进行观察、分析，以揭示其内在的联系和规律性。统计分析不仅要对总体数量特征和数量关系进行分析，还要深入总体的内部进行分组分析。分组分析法的关键问题在于正确选择分组标值和划分各组界限。

（3）回归分析法。回归分析法依据事物发展变化的因果关系来预测事物未来的发展走势，是研究变量间相互关系的一种定量预测方法。回归分析中，当研究的因果关系只涉及因变量和一个自变量时，叫作一元回归分析；当研究的因果关系涉及因变量和两个或两个以上自变量时，叫作多元回归分析。此外，依据描述自变量与因变量之间因果关系的函数表达式是线性的还是非线性的，回归分析又分为线性回归分析和非线性回归分析。

（4）因素分析法。因素分析法指的是依据分析指标与其影响因素的关系，从数量上确定各因素对分析指标影响的方向和程度。因素分析法的作用包括两方面：一是运用数学方法对可观测的事物在发展中所表现出的外部特征和联系进行由表及里、由此及彼、去粗取精、去伪存真的处理，从而得出客观事物普遍本质的概括；二是使用因素分析法可以使复杂的研究课题大为简化，并保持其基本的信息量。

4. 水利投资统计分析应用

（1）月报分析。根据每月直报系统报送的中央水利建设投资项目执行进度基本信息，开展汇总分析和统计报表制作，编制中央水利建设投资统计月报，并下发各流域管理机构和各省级水行政主管部门，抄送省级人民政府，为行政管理提供决策支撑和统计服务。分析内容包括中央预算内投资和中央财政水利发展资金月度累计执行进度，分地区分资金来源分析项目前期进度，投资下达、投资拨付和投资完成情况，以及项目开工完工情况等。

（2）月调度会商。自2015年开始，水利部印发《加快推进水利工程建设实施意见》，开展中央水利建设投资计划执行月调度会商，全面梳理当前影响水利工程建设的重要因素和薄弱环节，对存在问题较多、投资计划执行较慢的省份，采取"一省一单"的方式进行督办，全面推动重大水利工程建设。调度分析的主要内容有分地区、分资金来源、分主管业务司局、分重大项目和面上项目等分类以及月度计划执行目标与实际执行进度差距分析等。

（3）年报分析。年报统计中水利建设投资数据分析主要内容有中央政府投资和地方政府投资规模、资金来源范围、投资的项目类型分析；贷款、利用外资、企业私人投资以及债券等多渠道投资水利建设情况分析；分地区、分流域开展投资计划、投资完成情况汇总分析；各重点指标与上年度环比分析；从项目规模、建设阶段、建设性质等维度开展分析；开展固定资产形成率、建设完成工程实物量及项目新增效益对比分析等。

（二）数据质量核查

1. 数据质量核查及质量控制

数据质量核查属于事后质量控制阶段的重要内容，是对统计成果数据质量的再次抽检、核查、巡查或评估。质量控制的要点在于核查办法、工作方案和核查工作的具体组织实施，通过对成果数据抽检，可以对基层统计工作开展有效的纠偏，对提高投资统计数据质量具有重要的实际作用。

2. 数据质量核查方法及形式

围绕"查、认、改、罚"的总体要求和工作流程，统计数据质量事后核查工作程序一般包括座谈交流、听取汇报、查阅资料、查看工程现场、调查取证、交换意见、责任追究等环节。

具体工作开展中，应用较为广泛的质量控制方法是现场复核法，组织相关专家到统计对象填表单位，通过座谈、调阅相关资料、实地检查和测量等方式，对统计调查填报数据进行复核确认，比对填报数和核查数之间的差异并分析原因，以此检查统计数据填报的真实性和准确性。在实际工作中，可以根据水利工程建设项目类型、投资计划安排规模、核查地区地理位置和投资计划管理需要等方面的要求，通过设计数据质量核查方案，选择核查样区和样本，组建统计、工程、财务、计划等方面专家核查队伍，按照完整规范的组织程序，对被核查单位的投资统计数据质量开展监督指导核查，被核查单位要协助做好情况介绍、材料提供、现场联络等工作。最终对数据质量核查结果进行认定，配合相应奖惩机制对问题数据的责任单位进行统一处理。问题整改和责任追究是倒逼水利统计责任单位树立依法统计红线意识、加强和改进统计工作监管的关键措施，对加强统计数据质量控制也具有非常重要的意义。

3. 水利建设投资统计数据质量核查

（1）水利投资统计稽察/检查。2013—2015 年，水利部组织对中央水利建设投资统计月报填报情况开展专项检查，投入较大人力、物力，组织统计、建管、财务等专家组，对省级统计月报填报总体情况进行了全面核查；并对每个省（自治区、直辖市）选取 2 个县（市、区），从统计数据的真实性和准确性等方面进行了重点检查。月报专项检查发现了一些问题，引起了部领导的重视，对加强月报各项工作提出了更高要求。2020 年，水利部制定印发《水利建设投资统计数据质量核查办法（试行）》，组织开展了首次水利建设投资统计数据质量核查。

（2）水利统计质量巡查。通过自下而上组织开展统计工作自查与自上而下开展统计工作巡查、检查相结合的方式，从工作组织、机构设置、人员配备、制度执行、基础工作、信息化建设等方面进行检查和督促，将中央水利建设投资统计工作开展和统计数据质量作为巡查的重要内容，检查结果作为省级水利建设投资计划执行考核的重要依据。

（三）数据质量评估

1. 统计数据质量评估

统计数据质量评估是指在统计活动告一段落后，以统计原始数据为基础，充分考虑数据之间的相关性、匹配性、逻辑性，采用科学方法对统计数据的准确性、合理性、一致性进行判断和分析，对可能存在的数据质量问题进行追溯和核实，对统计数据进行确认的过程。统计数据质量评估是开展数据质量事后控制的重要内容，属于回馈性控制，它是利用反馈信息实施质量控制的，其价值主要体现在对今后的统计生产活动改进提供积极的借鉴。

2. 统计数据质量评估工作要点

建立并完善系统的统计数据质量评估制度；成立公正权威专业的数据质量评估工作组；编制质量评估工作细则，明确主要数据误差分析、查补修正的相关技术规定；组织召开专家评估审查会，提出事后质量评估结论、误差修正和汇总成果调整要求等；完成评估分析后提出质量评价报告，开展评估总结和警示教育活动等。

数据质量评估要根据统计活动特点，分阶段、分层次、分重点确定评估重点方面。数据录入质量评估，包括评估统计项目指标录入差错率、指标漏录率等；数据填报质量评估，包括对各类统计对象的漏错报率，主要指标的漏填率、错填率等开展评估；数据质量总体评估，包括对统计对象的完整性及统计数据质量可靠性的检查评估。

3. 水利建设投资统计数据质量评估

在中央水利建设投资统计月报工作中曾探索开展月报数据质量综合评估。在日常管理中，中央水利建设投资统计月报已经成为跟踪掌握水利建设项目进展，考核省级水行政主管部门投资计划执行以及部领导和相关业务部门采取督导、约谈、通报等行政措施的重要依据。自2012年起，水利部出台了《中央水利投资计划执行考核办法》，每年在全国范围内组织开展3次定期中央投资计划执行考核工作，考核计算评分主要依托阶段性的定期月报统计数据，考核结果得到了规划计划司领导的高度重视，并在投资计划安排、前期项目审查审批、日常管理工作中得到具体体现。同时，为综合评估各地区日常水利建设投资统计工作开展情况和月报数据质量状况，水利部组织有关力量对各地区就月报数据报送及时性、数据质量、组织规范性、日常交流与沟通反馈等维度开展综合测评打分。

（四）成果产出与发布

1. 统计成果质量控制

统计成果质量控制主要是指产出统计最终成果过程中，开展的数据成果转化、共享发布、释义解读、备案存档等过程的质量控制。统计成果质量控制是事后质量控制的最后环节，是严把数据出口的重要措施，对做好统计数据成果的产品开发、成果转化，确保数据成果形式规范、内容标准权威、资源共享等具有重要意义。

2. 统计成果质量控制要点

（1）依法发布数据。各级统计机构要依照《中华人民共和国统计法》和部门统计有关规定，依法发布本级及分地区统计数据。

（2）按时发布统计数据。各级统计部门要建立统计数据发布公示制度，制定年度统计数据发布计划并通过统计官方网站或媒体向社会公布，严格按照发布日程发布数据；因特殊情况变更发布日程的，应提前向社会公告。要尽可能缩短统计数据从生产到发布的时间，及时发布数据。

（3）做好数据发布解读。严格执行数据发布工作流程，规范说明统计数据来源、方法等内容，以方便社会各界正确认识和使用统计数据。

（4）方便用户获取统计数据。最新统计数据要通过统计官方网站或媒体发布，确保各类用户在同一时间能够获取统计数据；各级统计机构要充分运用各种发布渠道，包括新闻发布会、新闻媒体、门户网站、数据库、统计出版物等，以便于用户有合适的途径获取所需统计数据。

（5）重大数据修订要公开透明。要及时公布重大数据的修订结果和相关的时间序列，并对修订原因、数据衔接、指标使用等进行说明。

（6）归档保存要规范。健全整理归档制度，明确规定保管和归档统计资料的范围、时间、职责、分工、工作流程和使用权限等。对于数据储存，要按照标准化的流程和要求，进行分类、备份或清理，建立完善的统计数据库和相应的查询检索机制，统计资料保管场所及其存储环境要符合档案管理的要求等。

3. 水利建设投资统计成果形式与发布

按时并高质量完成水利建设投资统计月报、旬报、年报是统计工作的基本要求，统计数据要能够满足水利管理需要并发挥一定作用。每年水利统计数据均被水利部、国家统计局、国家乡村振兴局、国家民委等部门采用，重要数据和资料编辑并正式出版，如《全国水利发展统计公报》《中国水利年鉴》《中国水利统计年鉴》等。中央水利建设投资统计月报通过水利部官方网站发布，并以正式文函形式通过公文系统发送各省级水行政主管部门和省级人民政府；《全国水利发展统计公报》和《中国水利统计年鉴》以公开出版物形式正式出版，面向社会公众提供年度投资统计数据和分析成果；《水利统计提要》等以内部参考资料形式，供水利部各业务司局和系统内管理研究部门开展决策分析和政策研究之用。

第五章

横向维度：因素质量控制体系

因素质量控制体系主要集中在调查实施阶段的数据审核与评估，对数据质量提高起到十分重要的作用。因素控制不仅是清洁数据的被动措施和工具，更是积极主动收集、分析信息，监控数据生产不可或缺的重要制度和机制。影响水利固定资产投资统计质量的六个因素，从数据本身去考虑，既有数据的产生过程，更有数据的群体与个体之间的关系；从群体角度来讲，需要保证个体的准确度，群体之间要相互联系、相互依赖。本章从统计的全面性、完整性、准确性、合理性、及时性、一致性等"六性"阐述因素控制的基本要求和方法，对数据边评估边纠错。

一、因素质量控制的基本内容

统计工作的实践表明，数据审核与评估作为一项管理制度，有利于督促和引导统计人员与填报单位完成统计报表的填报，从而对误差的产生起到预防作用，特别是水利固定资产投资统计这种制度性的政府统计工作，通过检查数据审核与评估，在审核信息的反馈作用下，影响数据质量的误差将会逐步减小，数据质量将会不断提高。近些年，随着对统计数据质量的关注越来越多以及要求越来越高，数据质量的概念从狭义向广义方向发展，出现了多维的、全方位的数据质量概念，准确性不再是衡量统计数据质量的唯一标准，例如即使准确性相当高的统计数据，如果时效性差，或者不全面完整，那么仍然达不到高质量的标准。为此各国统计机构和有关国际组织从满足用户需要的角度出发，确定了统计数据质量构成因素。

（一）统计数据质量因素定义方面相关研究

国内统计界对统计数据质量的概念及影响因素均存在多种不同的理解。李金昌[❶]认为统计数据质量应该是一个多维的概念，准确性不是统计数据质量的唯一标准，还应考虑完整性、及时性、简便性和有用性。在统计数据的收集、加工处理、分析和开发研究的整个过程中都应该保持统计数据质量，需综合准确性、及时性、完整性、有用性和简便性等要求。赵乐东[❷]认为统计的质量问题要分别从统计信息的生产角度和使用的角度考虑，产品的质量要符合用户的需要，关注产品的时效性、准确性、便利性、可塑性、可比性等多方面。《中华人民共和国统计法》第一章第一条明确规定了，保障统计资料的真实性、准确性、完整性和及时性，在立法层面上确认了真实性、准确性、完整性和及时性这四个属性维度的基础核心地位。目前国内主流的理解为：统计数据质量就是统计数据的"准确性"，有的再加上"完整性"和"及时性"[❸]。

国外统计界对其形成了一定程度的共识[❹]，比如认同统计数据质量是一个多因素的综合概念体系和强调质量定义的用户导向性等，但在其具体的因素构成上尚存在一定的分区（详见表5-1）。

表5-1　　　　　部分国际组织或国家对统计数据质量
构成因素的理解

国际组织/国家	对统计数据质量构成因素的理解
IMF	质量的前提条件、保证诚信、方法健全性、准确性和可靠性、适用性、可获得性

❶　李金昌．论什么是统计数据质量 [J]．统计与决策，1998（9）：3。

❷　赵乐东．也谈统计产品的质量问题 [J]．统计研究，2000（6）：3。

❸　这种三维质量概念的形成在很大程度上与时任国务院副总理的温家宝同志写给纪念新中国政府统计机构成立50周年的贺信存在很大关系。他曾在贺信中指出"各级统计部门和广大统计工作者要按照'快、精、准'的要求，努力提高统计数据质量"。

❹　叶少波．政府统计数据质量评估方法及其应用研究 [D]．长沙：湖南大学，2011。

续表

国际组织/国家	对统计数据质量构成因素的理解
欧盟统计局	相关性、准确性、及时性、准时性、可获得性和明确性、可比性、一致性
联合国粮食及农业组织	相关性、准确性、及时性、准时性、可获得性和明确性、可比性、一致性和完整性、源数据的完备性
OECD	相关性、准确性、可信性、及时性、可获得性、可解释性、一致性
瑞典	内容、准确性、及时性、可获得性或可解释性、可比性或一致性
荷兰	相关性、准确性、及时性、有效性、减轻被调查者负担
韩国	相关性、准确性、及时性、可获得性、可比性、有效性
加拿大	相关性、准确性、及时性、可获得性、可解释性、一致性
澳大利亚	制度环境、相关性、准确性、及时性、可获得性、可解释性、一致性

注 表中不同国际组织或国家对统一质量因素的解释可能不完全相同，而对不同质量因素的解释也可能相近。

根据表 5—1，出现较多且比较集中的数据质量构成因素有准确性、及时性、可获得性、相关性、一致性或可比性，分别在上述 9 个国际组织或国家对统计数据质量构成因素理解中出现过 9 次、8 次、8 次、7 次、7 次。

（二）影响水利固定资产投资数据质量的主要因素分类

2019 年全国统计学会秘书长工作会议上，广东省统计局局长、中国统计学会副会长杨新洪曾提出"存在属性"为统计内核价值，统计的使命在于全面、真实、准确地反映社会经济活动，统计数据的全面性、真实性、准确性就是统计的"存在属性"。在现阶段，考虑到中国统计所处的阶段与经济全球化这一时代背景，结合水利固定资产投资统计质量的含义和特点，借鉴已有的关于统计数据质量的影响因素，本书认为，影响水利固定资产投资数据质量的主要因素应该包括全面性、完整性、准确性、及时性、一致性、合理性等基本特征❶。这六个因素根据他们的特点和性质可以划分为三类：自身性质量、固有性质量和表达性质量❷。

1. 自身性质量

自身性质量即数据所依附的样本数据总体和个体的质量，是指从数据效用角度看数据质量要素，主要指总体的全面和个体的完整，包括全面性和完整性两个因素。

2. 固有性质量

固有性质量即数据本身性质决定的质量，是指从数据内容角度看数据质量要素，包括准确性和合理性两个因素。

3. 表达性质量

表达性质量是指数据的展现表达能力，获取性质量是指用户是否能够比较容易地、安全地访问所需的数据，这两者是从数据形式上看数据质量要素，包括及时性和一致性两个因素。

具体每个因素的概念、内容、控制方法和手段等在后文会有详细的论述，需要指出的是，上述统计数据质量影响因素之间并不是完全独立的，部分因素之间存在正向促进关系，比如固有性质量里面的准确性以及表达性质量里面的及时性和一致性等；也有部分因素之间存在着某种程度上的相互制约关系，比如准确性与及时性之间，有时为了及时性可能会以牺牲统计数据的准确性作为代价，但是随着科学技术手段的进步，及时性的增强在一定程度上可以通过提高统计数据生产获取阶段的效率和精度来获得，并保持准确性不下降。

（三）因素质量控制应用范围

统计调查数据的误差既会以个体数据误差的形式存在于微观层

---

❶ 真实性是通过准确性、完整性、及时性等一系列因素控制后得到的终极目标，故不作为影响水利固定资产投资数据质量的主要因素。可获得性因为在统计报表制度设计的时候已经充分考虑过，《水利建设投资统计调查制度》中的每个指标都是可获得的，故这里也不作为影响数据质量的主要因素。

❷ 褚艳红. 统计数据质量评估方法研究 [J]. 中国商贸，2013（32）：139-142。

面的样本个体数据，也会以总量数据误差的形式存在于宏观层面的数据中。因素控制评估的范围也应该是微观层面的样本个体数据和宏观层面的统计调查数据两个方面。

对个体数据进行审核是减小数据误差、提高统计数据质量的先决条件，在数据汇总前首先要完成个体数据审核，识别出其中影响数据质量的各类误差，订正其中的错误，代之以正确的或更为合适的数据。统计调查的主要产出是事先设计报表指标的总量数据，虽然个体数据审核能提高统计数据的质量，但是并不能保证总量数据的准确性符合质量要求。统计调查数据的评估是评估最终产出的数据是否能够真实反映研究对象的实际情况，数据的误差是否对数据质量产生了严重的影响，检查总量数据和结构数据是否存在质量问题。

因此个体数据的审核可以而且应该与统计调查数据的评估联系在一起，这两个方面审核与评估的内容虽然不同，但可以相互支持和验证，其中样本个体数据的审核是基础，统计调查数据的评估是最后的把关。

二、数据效用—自身性质量

（一）全面性

随着互联网时代的到来，云计算、大数据技术突飞猛进，大数据时代应运而生，全面性的问题似乎得到了很大程度的解决。虽然全面统计在日常工作中几乎难以实现，但政府统计特别是通过行政手段的定期报表制度可以做到，这就是为什么在政府统计中全面性为一个重要的衡量标准。

1. 全面性质量控制概念

全面性是指统计对象是否全部包含，是否做到应统尽统，没有漏报。

2. 全面性质量控制手段

控制手段主要包括以下两种：

（1）通过基础数据审核，检查是否存在应报而漏报、错报或重报固定资产投资年报、月报的统计调查对象；检查是否存在应建而漏建、错建水利建设投资项目台账。

（2）通过空间数据审核，检查是否存在应标而漏标、错标空间数据的统计对象。

3. 全面性质量控制内容

（1）根据水利改革发展需要，是否在统计设计的时候全部能够包含在内，是否存在统计设计不全面的问题，这个对应纵向维度的数据质量事前控制阶段。

（2）水利建设投资年报是否仅包括中央政府的投资，是否将地方自主安排的水利投资报全，进而完全反映本地区当年的水利建设投资规模。例如通过对本年完成指标的对比来检验水利建设投资项目报送的全面性。与本年的快报数据存在哪些差距，主要是本年投资完成指标数据填报的值与快报中本年完成投资的数据差异，以及差异的原因，用以推断是否存在报送项目不全面的情况。年报 5 张表是否全部填报，是否存在漏填总体投资进度表或形象进度表等情况。

（3）水利建设投资月报中是否存在漏填工程项目，统计名录是否全面，填报时是否存在只填写项目基本情况却未填写建设投资情况。

4. 全面性审核常用方法

全面性审核可结合文案调查法、实地调查法、分类指标分析、地区对比分析法、专家会审法等方法进行，可以解决水利统计年报数据的漏报问题。

（二）完整性

完整性是指统计数据在统计信息内容含量上的体现，即要求提供的统计数据内容上完整，信息健全。

1. 完整性质量控制概念

完整性是指数据指标项充分填报，不存在缺失的记录和字段，所需要的数据都在，即要求提供的统计数据在内容上应该包括使用者所需的所有项目，不能残缺不全，这是统计数据在统计信息内容含量上的体现。

2. 完整性质量控制手段

主要通过基础数据审核检查各类水利建设投资统计对象是否存在应填而漏填的数据项；检查表格数据和关联关系数据是否存在未按规定取值范围、计量单位、表述方式和符号要求进行填报的数据项。

3. 完整性质量控制内容

（1）水利建设投资统计年报。主要审核年报 5 张表中必填的指标是否都填报，具体为项目概况表中建设项目的基本属性，包括项目名称、地址、流域、项目类型、隶属关系、建设阶段、建设性质、开工时间等17 个必填数据项；项目总体投资进度表中 1 个必填数据项是否填写完整，是否存在应填漏填现象。

（2）中央水利建设投资统计月报。主要审核项目基本情况表中项目名称、项目类型、是否重大项目、是否中央属、项目建设地址、中央投资计划下达年度、所属流域等 10 余个必填数据项；项目投资进展情况表中有中央投资计划、是否选填按概算投资完成 2 个必填数据项是否填报完整，下达投资、拨付投资、完成投资等有无漏填。

完整性质量控制一般对应纵向维度的数据质量事中控制阶段。

4. 完整性审核常用方法

完整性审核可以通过资料对比法、专家会审法等方法进行，可以解决水利建设投资统计年报数据在填报阶段数据漏填、汇总阶段数据不完整、上报阶段的材料不完整等问题。

三、数据内容—固有性质量

（一）准确性

准确性包括统计调查方法与技术的准确性、基础数据的准确性、已公布统计数据评估结果的可信度。2019 年，国家统计局局长马建堂提出"以追求真实统计、搞准统计数据为核心全面推进统计事业发展"。准确性是指统计数据要真实反映客观事物的实际情况，是统计数据质量在统计信息客观、真实性方面的体现，是统计数据使用者的首要要求。

1. 准确性质量控制概念

准确性是指统计数据反映客观实际的程度，指统计指标数据同与客观现象相对应的统计指标真值之间的接近程度。一般可用估计量的均方误差来测量，均方误差越大，准确性越差。准确性是衡量统计数据客观真实的质量评价标准，是统计数据质量的根本要求。

2. 准确性质量控制手段

主要通过基础数据审核检查数据填报的真实性和准确性，是否存在虚报、错报、少报或人为授意填报数据的情况。

3. 准确性质量控制内容

（1）水利建设投资统计年报：年报中各分类型投资加总与合计是否一致，工程数量是否准确，项目概况、项目建设进度是否正确填报等。具体包括：

1）累计大于等于本年。累计安排投资应该大于等于本年计划投资，无论是总项还是分项需保持此审核关系。累计到位投资应该大于等于本年到位投资，无论是总项还是分项需保持此审核关系。累计完成投资应该大于等于本年完成投资，无论是总项还是分项需保持此审核关系。

2）投资完成两张表数值一致。投资完成指标在报表制度中分成两块体现，一部分在"项目总体投资进度表"（年建 302 表），一部分在"项目分来源投资进度表"（年建 303 表）。两类表的累计完成投资、本年完成投资合计数应该保持一致。

3）水利统计管理系统中已设定的逻辑关系是否全部通过，存在的特殊问题是否有合理解释。例如本年完成投资额＝建设工程＋安装工程＋设备工器具购置＋其他费用；项目计划总投资＝中央政府投资＋地方政府投资＋企业和私人投资＋利用外资＋国内贷款＋债券＋其他投资；累计完成工程量大于等于本年完成工程量等，目前在水利统计管理系统中已设定 5 张表 157 条审核关系。

（2）中央水利建设投资统计月报：月报中投资计划数据与文件是否相符，完成投资数据与工程合同、工程形象进度是否一致，有无数据填报错误，工程基本情况填写是否准确等。具体包括：

1）下达投资是否大于到位投资大于完成投资。

2）水利统计管理系统中已设定的逻辑关系是否全部通过，存在的特殊问题是否有合理解释。目前在水利统计管理系统中已设定 2 张表 15 条审核关系。

准确性审核对应纵向维度的数据质量事中控制阶段。

4. 准确性审核常用方法

准确性审核可以通过地区均值、对比分析法、时间序列分析法、专家会审法等进行审核，可以解决指标不符合变量间相关性，水利建设投资统计年报数据在填报环节和汇总环节的逻辑错误、单位换算错误、誊抄错误等问题。

（二）合理性

合理性是指统计数据与经验阈值对比是否符合逻辑、是否合理。合理性的定义比较宽泛，是对准确性以及一致性的一种补充和相互印证，也可以理解为是相关性的一种拓展。一般当其他固定的逻辑关系无法判断已知是否信息准确的时候，可以通过例如常识、与其他指标的相关性等其他因素，来判断信息的可信程度。

1. 合理性质量控制概念

统计数据与经验阈值对比是否符合逻辑、是否合理。合理性是对准确性以及一致性的一种补充和相互印证。当无法判断已知是否信息准确的时候，可以通过例如常识、与其他指标的相关性等其他因素，来判断信息的可信程度。它是相关性的一种拓展。

2. 合理性质量控制手段

（1）通过基础数据审核，检查填报数据所反映的水利建设项目规模、能力或效益大小是否符合实际。

（2）通过汇总数据审核，检查汇总表数据所反映的规模、水平、结构、关系和趋势等特征是否符合实际。

（3）在年报数据预审、审查和抽查的基础上，根据计算机审核、分专业详审、跨专业联审以及外业抽查复核等结果，组织做好年报数据的专家审查、成果协调等成果审定工作。

3. 合理性质量控制内容

年报中结合项目概况表、投资进度表、项目效益表三表中数据的填报情况，可对其年报数据的合理性和真实性做出有效判断；月报中对照项目基本情况表中的工程规模、工程类型等，判断其投资数据是否真实合理；检查是否存在未按规定取值范围、计量单位、计算方法、表述方式和符号要求进行填报的数据项。合理性质量控制对应纵向维度的数据质量事中控制阶段和事后质量控制阶段。

具体内容包括：

（1）计算项目建成投产率。一定时期新开工或正在施工的建设项目个数可以反映本年建设投资规模，而建成投产的项目个数也是反映建设进度和投资成果的重要指标。为了保证稳定的建设速度，必须安排好施工项目与投产项目的比例，如果施工项目个数过多，特别是新开工项目过多，而投产项目不能相应增加，就会使项目投产率下降，减缓建设速度。建设项目投产率是指一定时期内全部建成投产项目个数占同期正式施工项目个数的比率。它是从建设项目速度的角度反映投资效果的指标，计算公式如下：

$$项目建成投产率 = \frac{本年全部建成投产项目个数}{本年施工项目个数} \times 100\%$$

（2）计算建设周期。利用"项目计划总投资"与"本年完成投资"数据可以计算项目"建设周期"，计算公式如下：

$$建设周期(年) = \frac{项目计划总投资}{本年完成投资}$$

它的含义是，按照本年完成投资水平，全部完成在建项目的计划总投资需要多长时间。

（3）本年完成按投资构成划分和按用途划分中的其他费用不能过大，并能详细列明合理理由。

（4）本年完成投资按用途划分中的前期工作费用不能过大，并能详细列明合理理由。

（5）实物量数据。数据审核时，往往由于忽视或者粗心，把工程实物量指标的单位看成"立方米"，造成数据出现奇大值；应将水利工程项目分成重大水利和面上水利，分成枢纽水源、水保、灌溉等项目，分别审核实物量的合理性。

（6）投资安排、到位与完成之间的关系是否合理；投资完成与工程实物量、能力效益是否匹配；效益与水利综合统计的关系是否一致；月报、年报报表中每项指标填写到对应的位置，涉及金额的单位是否都是万元，对各个指标的口径是否理解得准确清晰，一些涉及计算得出数据的指标是否采用了规范的计算公式和计算方法等，都是需要进行规范检查的。

（7）工程效益指标最应注意的是指标的单位，如亿立方米和万立方米等；也应注意效益指标与不同项目类型的对接。比如新建水库有"新增库容"，病险水库除险加固宜选择"改善库容"；大中型灌区续建配套与节水改造项目对应的效益宜选择"改善灌溉面积"，与新建灌区的"新增耕地灌溉面积"进行区别填报。

（8）固定资产交付使用率指一定时期新增固定资产总额与同期完成投资额的比率，它是反映各个时期固定资产动用速度，衡量建设过程中宏观投资效果的综合指标，计算公式如下：

$$固定资产交付使用率 = \frac{某时期内新增固定资产总额}{同时期完成投资额} \times 100\%$$

（9）固定资产投资产出效率。

$$固定资产投资产出效率 = \frac{GDP 增量}{投资额} \times 100\%$$

以 GDP 增量与投资额进行比较来反映投资效率，即每投入 100 元，新增 GDP 多少元。2019 年，全国 GDP 增量 7 万亿元，投资额 55 万亿元，投资产出效率为 13％。通过与全国对比，可考察所在地区固定资产投资产出效率的高低。

（10）固定资产投资转化效率。

$$固定资产投资转化效率 = \frac{新增固定资产}{投资额} \times 100\%$$

以新增固定资产与投资额进行比较，来反映投资交付使用成果，即每投入 100 元，新增加的固定资产是多少元。目前，全国固定资产投资转化效率在 70% 左右。通过与全国对比，可考察所在地区投资转化为新固定资产的能力。

（11）固定资产投资产出再投入率。

$$固定资产投资产出再投入率 = \frac{本年投资额}{GDP 总量} \times 100\%$$

以本年投资额与上一年度的 GDP 总量进行比较，来反映产出再投入的比例，即每产出 100 元 GDP，拿出多少元继续再投资。2019 年全国投资 55 万亿元、2018 年 GDP 为 92 万亿元，再投入率 60%。

4. 合理性审核常用方法

合理性审核可以通过集中趋势的度量方法、阈值与合理区间的应用、对比分析法、专家会审法等进行审核，可以解决数据的奇异值问题，减少水利统计数据填报不真实的问题。

四、数据形式—表达性质量

（一）及时性

及时性包括基础数据采集的及时性、统计数据审核上报的及时性、统计数据发布的及时性（计划发布与实际发布的间隔）。这是统计数据质量在统计信息时间价值上的体现。统计数据具有很强的时效性，在需要时不能及时提供，也就降低甚至失去了为管理、决策服务的价值。此外，及时性也是指统计工作的效率，包括数据处理和数据传递速度等。

1. 及时性质量控制概念

统计数据从调查到发布的时间间隔，在符合统计科学规律的前提下时间间隔越短，及时性就越强。及时性是评价统计工作时间价值的质量评价标准，是统计数据形成和提供的效率要求。

2. 及时性质量控制手段

通过数据催报，按照及时性的要求时间自动关闭系统，上级单位通报批评等各种手段措施，尤其是行政手段对数据的及时性进行控制。

3. 及时性质量控制内容

（1）水利建设投资统计年报的发布时间是否在每年的 10 月底前？

（2）中央水利建设投资统计月报的数据发布时间是否在每月的 7 日前？

及时性审核一般对应纵向维度的数据质量事中、事后控制阶段。

4. 及时性审核常用方法

及时性审核可以通过行政奖惩、数据上报时间通报等进行控制，可以解决数据报送不及时、不满足要求等问题。

（二）一致性

一致性包括统计数据在不同时期的一致性、同一统计指标的统计口径一致性、统计数据在不同制度下的衔接性、不同数据源在不同统计框架下统计数据的一致性。在时间上，数据应保持年度间的一致性；在空间上，与国际保持可衔接性，在国家内部不同地域不同报表制度统计口径保持一致。

1. 一致性质量控制概念

一致性质量控制要确保统计数据在不同调查项目、不同机构、不同时期之间的关联度和逻辑关系正确。一致性是衡量不同统计数据之间协调程度的质量评价标准，是对统计数据衔接、匹配的要求。

2. 一致性质量控制手段

（1）通过基础数据审核，完成表内数据一致性检查、表间数据一致性检查。其中，表间数据一致性检查，既要检查各个建设投资项目同一任务不同表内数据是否符合相应逻辑规则，还要检查不同统计任务之间相关指标数据是否一致；同时，还需检查不同时间相关数据间是否一致。

（2）通过汇总数据审核，检查汇总表数据的表内一致性及其跨对象、跨专业的一致性。

3. 一致性质量控制内容

（1）水利建设投资年报：汇总表中的项目个数与单项工程概况表的加和是否一致，投资安排和累计完成数与分来源投资进度表是否一致，有无多填或少填资金，完成工程量能否与项目形象进度表衔接，数据有无差异等。

（2）水利建设投资月报：投资统计汇总表中的数据是否与项目投资进展情况表中的数据一致和衔接，下达和拨付资金的数量关系是否准确。

（3）年报、月报中同一指标例如完成投资不同年度数据是否口径一致、具有衔接性。一般要注意不同时期因为指标含义、口径等调整导致同一指标不同年度数据不一致，需要对不同年度数据进行调整来保证数据具有一致性和可衔接性。

（4）年报、月报中相关指标是否与其他报表制度中的指标解释口径以及数据相一致，例如与地方落实表中的相关指标、相关业务司局统计表中投资相关指标是否一致。

一致性审核对应纵向维度的数据质量事中控制阶段。

4. 一致性审核常用方法

一致性审核利用资料对比法、地区对比法、时间序列分析、阈值与合理区间的应用等，解决数据填报与相关指标不一致、与同一指标不同年度数据不一致以及同一指标不同部门填报口径不一致等问题。

五、因素质量控制流程

数据影响因素质量控制工作是由一系列审核、订正环节组成的过程，可以划分为以下几个步骤❶。

（一）数据准备

数据审核开始前，要准备好原始数据。审核数据的全面性和及时性，主要由人工审核，查看填报对象是否全面报送，是否存在漏报现象，分区域数据填报的及时性如何。这个阶段应该做好记录，为数据审核评估做好准备，提供相关资料。

（二）数据审核

1. 错误性审核

错误性审核主要由计算机自动审核数据的完整性和表内、表间固定逻辑关系的一致性，是基于事先在计算机内设定的审核关系来进行的。

计算机自动审核与评估是指完全由计算机进行数据审核与评估，没有人工干预。计算机自动审核与评估速度快、效率高、占用时间少，但使用范围有限，只适用于误差识别与订正采用的方法明确，可全程由计算机实施，无须人为干预的情况。水利固定资产投资统计制度每年调查对象和调查内容基本不变，所以一些明确的逻辑关系可以预先设定在计算机中，提高审核效率。

2. 异常性审核

（1）微观审核。主要审核数据单个指标的准确性，利用人机交互性审核的方式，查找异常数据等，可以根据事先确定的临界值由计算机识别数据，再由人工根据经验判断并进行纠正。

人机交互性审核是指具有一定经验的数据审核人员，以具有数据审核功能的计算机为工具，采用人机结合的方式审核数据，也称为计算机辅助审核，是目前水利固定资产投资数据审核中最常用的审核与评估形式。交互式审核与评估方法操作比较灵活，往往需要统计人员在数据审核和评估的整个过程都进行人工干预，应用自身的丰富经验

---

❶ 成邦文，杨宏进．统计调查数据质量控制：数据审核与评估的理论、方法及实践［M］．北京：科学技术文献出版社，2019。

和知识进行分析、判断，决定需要核实、订正的数据及订正的方法。该方法审核数据花费时间长，只能重点审核对总量数据有影响的样本个体和可疑数据，主要在准确性、一致性审核上进行应用。

（2）宏观审核。主要审核数据的合理性和与不同数据来源、不同数据时间维度的一致性。宏观审核是基于汇总数据的审核与对比分析，主要以人工审核为主，经审核确定的异常数据需与填报单位核实，才能判断是否为错误数据并进行纠正。

人工审核主要是依据审核人员丰富的专业知识和经验、审核对象及其相关的各种定性和定量的信息，完成数据审核与评估任务。虽然计算机审核已逐步取代了很多人工审核任务，然而实践表明，数据的人工审核仍然是不能忽视的重要方法，目前还不能全部被计算机审核替代，尤其是专家会审法。人工审核的优势在于人的"智能"，但是占用时间长、效率低、使用范围有限，只能由有丰富工作经验的统计人员或者专家使用，主要在全面性、合理性审核上进行应用。

（三）数据评估与分析

根据数据审核与评估整个过程获得的有关报表设计、调查实施、数据收集、数据报送审核、数据订正、数据误差等信息，对水利固定资产统计整个数据质量给出结论，为下一步统计调查的改进提出建议。

数据质量评估流程见图5-1。

中国统计数据质量管理能力正在向国际标准靠拢，但用统计数据质量控制横向维度的六因素标准来衡量的话，水利固定资产投资统计数据质量还存在上升空间，应把统计数据质量提高和水利统计能力建设全面结合起来，进一步提高水利固定资产投资的数据质量和分析支撑能力。

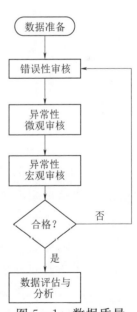

图5-1 数据质量
评估流程图

第六章

立向维度：偏差法质量控制体系

"立向维度"主要建立以"偏差法"为核心的"工具箱"，即通过调查、预测、经验验证等方法手段，得到"参考值"，并与实际值进行比对，观察"偏差值"的偏离程度，追根溯源、发现问题，从而检验数据质量，以提供更好的统计产品和服务，进而为预测和决策提供支撑。

一、"偏差工具箱"的构建

"偏差工具箱"包含了一组水利固定资产投资统计调查与分析的相关方法，与纵向维度的过程控制、横向维度的因素控制密切结合控制数据质量。

（一）调查与分析的重要性

为提高水利固定资产投资数据质量，避免在《全国水利发展统计公报》《中国水利年鉴》《中国水利统计年鉴》等公开出版物以及水利部网站"数据"专栏上发布有质量问题的数据，也避免干扰影响水利建设投资管理决策和预测，必须对所采集的数据进行审核，在审核的基础上进行汇总分析。数据分析的核心就是寻找"偏差"。数据分析评估既是反馈机制促进数据质量提高的重要手段，也是统计咨询、监督功能的延伸。

（1）开展需求调查是非常必要的。需求调查包括用户对统计产品的需求、对统计调查制度的需求以及其他相关需求等。水利固定资产投资统计工作已持续了 70 多年，在不断满足水利改革发展的过程中，提供了各种产品和服务。通过需求调查了解用户对水利固定资产投资统计的产品与服务需求，进而在统计全过程中渗透产品和服务意义，提升统计数据质量。

（2）数据分析是识别和处理数据的必经阶段。搜集的基础数据存在缺失、异常、不符合逻辑等问题，都可以归结为"偏差"。单个数据或分类数据的偏差均会使总量数据发生突出变化，对数据的正常结构比例产生影响。通过数据分析可以查找数据偏差问题，反馈修正数据后再进行汇总，发布高质量的统计成果。

（3）数据分析对事前阶段的工作改进有极为重要的价值。在数据分析过程中，可以总结出现问题数据的性质、表现形式及产生原因等信息，这些对规范数据生产过程是非常重要的。如重新设计《调查制度》、改善调查流程、完善审核关系与方法以及建立并增强工作人员责任心等等，特别是回溯反馈事中和事后的过程控制所采用的方法与流程。

（二）偏差法选取原则

依据《调查制度》的调查表和调查指标，设计实用的调查与分析工具，纳入"偏差工具箱"。选取工具的主要原则如下：

（1）围绕需求选取工具。对水利固定资产投资统计数据开展分析时，首先要考虑领导对统计产品的需要。如领导最为关注的是截面数据和时间序列数据，"偏差控制"会采用对比分析法进行同比、环比分析，也会采用时间序列分析方法预测年度数据增长规模以满足领导需求；如领导关注投资计划的目标任务达成情况，就会采用均值法和阈值对主要指标进行目标达成的分析。其次要统筹普通用户对统计产品的需要。对外发布的统计产品一般包括《全国水利发展统计公报》和《中国水利统计年鉴》，主要包括对投资完成数据进行分类分析。

（2）围绕制度选取工具。《调查制度》设置了四类统计指标，第一类是辅助指标（即特征指标、分类指标），第二类是投资价值量指标，第三类是工程实物量指标，第四类是投资效益指标。第一类是辅助开展实测与参考值对比的指标，适合采用分类分析方法，也可采用阈值分析；后三类指标主要是数值型数据，适合采用数据分析的任何方法，特别是相关性分析、均值分析等，通过对比偏差，从而判断数据质量。

（3）围绕因素选取工具。横向维度控制数据质量的六种因素包括全面性、完整性、准确性、合理性、及时性和一致性。全面性和完整性适宜采用文案调查法和实地调查法，具体分析方法宜采用对比分析法；准确性和合理性适宜采用集中趋势分析、分类分析和时间序列分析，同时通过内部审核关系进行把控；一致性适宜采用阈值分析和相关性分析。

（三）偏差法的应用

偏差法涉及两类数据，一类是实测数据，主要通过不同的调查方法获取；另一类是参考值数据，主要通过数据分析方法获取。将两类数据进行比对，再根据数据性质采取不同方法。

1. 调查方法

统计调查按研究总体的范围，可分为全面调查和非全面调查。全面调查是对构成调查对象的所有单位进行逐一的、无一遗漏的调查，包括定期统计报表和普查。各级水行政主管部门实施《调查制度》属于全面调查中的定期统计报表。所有符合调查范围的调查对象都需要填报调查表，开展统计工作，比如水利建设投资统计年报；非全面调查是对调查对象中的一部分单位进行调查，包括非全面统计报表、抽样调查、重点调查和典型调查，比如节水供水重大水利工程专报就仅仅是当年中央政府投资项目中为重大水利工程的项目填报"重大水利工程建设进展情况专报表"。

调查方法是搜集数据主要采用的方法，在事前、事中、事后过程中均可使用。事前评估主要侧重于需求调查，了解用户对水利固定资产投资统计数据产品的需求，把用户需求融入到统计制度和产品设计中；事中评估主要侧重于数据采集，同时采取核查、检查等方式，了解用户在数据搜集过程中存在的问题；事后评估往往借助于第三方机构对水利建设项目进行审计、稽察，发现数据质量问题，也用于用户使用公报、年鉴后的反馈。

本书所提及的调查方法主要是指辅助搜集用户需求、采集数据、核查数据质量情况等用到的文案调查法、问卷调查法、实地调查法和现场访谈法等。

2. 分析方法

数据分析是检验数据可用性、可靠程度的具体措施，在事中、事后过程中应用较多。事中主要侧重于数据的集中趋势度、合理区间分析，纵向比较，相关性分析等，主要采用均值、阈值、合理区间等测度值查找偏差，适用于因素控制中的完整性、准确性、合理性、一致性审核；事后主要侧重于综合分析评估，采用相关性分析、分类分析、时间序列分析等对数据进行全面对比和预测分析，适用于因素控制的全面性等审核。

二、实测数据获取：调查方法的应用

实测数据获取主要通过不同的调查方法进行，用以获取进行数据分布与对比分析的相关文献资料、用户需求资料、统计原始材料等。水利固定资产投资统计数据质量控制中采用较多的是文案调查法、问卷调查法、实地调查法和现场访谈法等四种调查方法，其中文案调查法、实地调查法在数据核查对比寻找偏差时应用更广泛。

(一) 文案调查法

文案调查法是指对已经存在的各种资料档案，以查阅和归纳的方式进行的市场调查❶，又称为二手资料或文献调查。文案资料的来源很多，主要包括行业资料、公开出版物、相关行业网站、行政业务记录等内部资料。

---

❶ 全国咨询工程师（投资）职业资格考试参考教材编写委员会. 项目决策分析与评价：2019 年版［M］. 北京：中国统计出版社，2018。

在对水利固定资产投资数据进行分析时，查询的主要文献包括公开出版物，与固定资产投资、GDP 相关的《中国统计年鉴》《中国水利统计年鉴》《中国水利年鉴》等，国家统计局网站公开发布的全社会固定资产投资月（年）度数据，省级水利（务）厅（局）网站发布的关于重大水利工程开工、建设等信息，国家发展改革委和财政部下发的中央投资计划和财政资金文件，以及政府发行的一般债券与专项债券等材料。一部分内部编印的用于投资计划管理的材料也是佐证依据，比如历年中央投资计划白皮书、《水利规划计划年度报告》等。搜集的文献资料主要用于统计数据的相关性分析、分类分析、阈值与合理区间分析等，适用于数据准确性、合理性分析。此外，文案调查法还适用于事后质量评估中的核查，查阅相关佐证材料。实证搜录必须依据正规文件或具有法律效应的文件。如查看核查项目的相关资料可包括工程项目概预算文件、项目初步设计等前期文件，项目合同及招投标材料，财务支付凭证，以及建设项目投资计划、财政资金下达文件、银行贷款凭证或证明资金到位的其他有关文件等。

文案调查法也可以通过购买的非本人所拥有的数据库开展调查。目前使用较多的数据库是万得信息技术股份有限公司的数据库，这是一家数据供应商，主要涉及中国宏观数据、全球宏观数据、行业经济数据、宏观预测数据等，它更像一个数据平台，有政策、有数据、有分析、有报告。数据来源可靠，与分析水利固定资产投资统计数据，如政府专项债券用于水利建设项目的各省区总体规模、涉及具体项目等可以相互印证。

（二）问卷调查法

问卷调查法是指调查人员通过面谈、电话询问、网上填表或邮寄问卷等方式，了解被调查对象的市场行为和方式，从而收集信息的调查方法[1]。在实施问卷调查法时，要通过明确调查目的和调查

---

[1] 全国咨询工程师（投资）职业资格考试参考教材编写委员会. 项目决策分析与评价：2019 年版 [M]. 北京：中国统计出版社，2018。

内容来设计调查问卷并分析调查结果。采用问卷调查法是为了尽量避免后续统计过程中出现偏差的可能性。

在分析水利固定资产投资数据时，主要搜集用户对水利固定资产投资统计数据产品的需求和用户使用统计产品后的反馈。在每年《全国水利发展统计公报》和《中国水利统计年鉴》正式出版后，会将统计产品寄给各流域、各省级水行政主管部门，交换给国家统计局、水利部相关司局以及直属单位、参与调查的各级单位等用户，通过电话询问、网上调查问卷的方式搜集不同用户对统计产品的需求。

例如：2015年曾做过调查问卷，了解用户需求，并于当年编制了"水利发展主要指标"小册子，在全国水利统计工作会议上发放，丰富了统计产品形式。又如在2020年《调查制度》修订时采用问卷调查法，设计了"如何计算水利建设投资完成""政府专项债券指标是否纳入投资来源统计"等问题，了解用户对统计调查制度的需求以及对重点指标含义、计算方法等的掌握程度，用户集中需求较多的内容或者修订意见将被采纳，放入统计调查制度中，以便使统计调查指标数据采集更具可操作性，或者完善指标释义，使指标概念更加清晰，避免在数据采集、汇总阶段出现较大偏差。

在实际工作中，为了满足用户的紧急需求，在手边掌握的基础数据不足以开展分析，或者不能分析其数据背后的原因，时间又不允许进行实地或现场调查时，也会采用问卷调查或者直接电话访谈的方式了解所需。如2019年受经济下行影响，国家基础设施建设投资总体下降。据国家统计局发布的各行业固定资产投资（不含农户）情况反映，2019年1—5月，水利管理业投资同比一直呈下降趋势，6月开始有所增长。通过电话访谈，调研了河北、山西、内蒙古、云南、陕西、甘肃、新疆等地区，发现地方建设资金在使用过程中的某些通常做法影响了资金落实的及时性，加之受国家政策（如减费降税等）等因素影响，导致地方建设资金落实不到位。

（三）实地调查法

实地调查法是指调查人员通过跟踪、记录被调查事物和人物的行为痕迹来取得第一手资料的调查方法。在水利固定资产投资统计数据质量控制中，实地调查法是开展事前制度设计调查、事后调查或核查评估时，赴水利建设项目工程现场或数据采集（录入）人员实地调查（工作）现场进行查勘（检查、核查）所采用的方法。在采用实地调查法时，往往同时结合采用文案调查法和现场访谈法。

实地调查法的最大优点是能够直观了解水利建设项目的主要活动流程，了解工程项目建设特点，有助于完善统计调查制度的设计和实施工作；可以与水利建设项目数据采集人员进行面对面交流，获取一手信息。

2014年，水利部规划计划司组织开展"水利统计质量年活动"，其中一项主要内容是采用巡查方式了解2013年中央水利建设投资统计月报数据是否存在项目漏报、数据错填等问题，逐月上报的数据是否存在较大增减变动以及变动原因。采用实地调查法到水利建设项目法人单位调查了解项目填报情况，发现统计基础薄弱地区的项目台账不健全，对水利建设投资统计数据指标理解不到位，影响了数据质量，出现了填报数据与调查数据不一致等情况。2020年开展的第一次水利建设投资统计数据质量核查也采用了实地调查法。根据水利建设项目工程资料的初设文件，了解工程主要规模；根据工程监理月报，了解工程进展情况；根据实地查看工程现场形象进度，对比工程资料，核查数据填报的准确性。实地调查法也适用于采用因素控制法进行"全面性"审核时，了解摸清调查区域的所有水利建设项目是否全部上报；对"完整性"审核时，通过对实地资料对比可发现"完整性"方面的问题。

（四）现场访谈法

现场访谈法是指调查人员与调查（填表）对象面对面进行的座谈交流，一般采用集体访谈形式，也有一对一访谈，主要用于开展数据质量核查时，与被核查对象进行交流沟通，获取调查者需要的信息；也用于统计相关座谈会的沟通，如年报会审会、统计专委会、统计培训会等，了解水利固定资产投资统计存在的问题，征求《调查制度》修订意见等。

现场访谈法的最大优点是通过与调查（填表）单位、与统计填报人员直接接触，了解数据填报的真实情况、填报过程遇到的困难，同时了解《调查制度》的具体实施情况，分析、总结数据质量问题出现的原因，提出改进统计数据质量的措施。

2020 年对 8 个省的中央水利建设投资统计数据进行质量核查时，采取了"现场座谈"的集体访谈方式。集体访谈人员包括县级水利（务）局分管统计工作的局长、副局长，业务股室，如农水股、建设股业务人员，以及负责统计工作的规计股的具体填报人员，同时也会邀请重大水利工程法人单位负责投资计划统计的人员参与座谈，甚至还有当地统计机构人员。了解 2020 年中央水利建设投资统计数据的填报情况、工程项目建设进展、填表单位统计工作各项制度落实情况等，并就发现的数据质量问题进行沟通；当地统计机构人员会反映水利报送的固定资产投资统计存在的具体问题。针对具体水利建设项目，主要与项目法人或者负责投资计划填报人员进行一对一访谈。

以上四种是应用较多的调查方法。在《水利统计通则》（SL 711—2015）第 5.3 条中，水利统计调查方法可分为问卷法、访问法、观察法、报告法、行政记录法、数据共享法、网络搜索法、推算估算法等。对调查内容容易理解、问题大多有结构化的封闭答案，且能够根据已有信息和基础资料回答的，可采用问卷法进行调查；对调查对象较少，调查问题需要调查者解释，或调查开放式问题的，可采用访问法；对没有记录，需要调查者亲自到现场进行观察或计量以获取资料的，可采用观察法；对需要调查对象定期填报调查表的，可采用报告法；对调查内容存在行政记录的，可采用行政记录法；与相关数据来源的所有者建立数据交换与共享机制，可采用数据共享法；存在于公开的网络环境中的信息，可利用网络搜索法。

三、参考值获取：分析方法的应用

在水利固定资产投资统计过程中，已经形成了一些规律性的概念、经验数据或者某种数值范围，通过集中趋势度、时间序列法等分析方法获得"参考值"，用以对实测值（采集数据、填报数据）进行参考比对。

（一）概念与特点

反映集中趋势度的测度值有平均数、中位数和众数。它们是反映数据集中趋势重要的测度值，用来表明资料中各观测值相对集中较多的中心位置。此外，阈值、参数等也是水利固定资产投资统计数据分析评估中使用较多的测度值。

1. 平均数

平均数也称为均值，它是一组数据相加后除以数据的个数得到的结果[1]。平均数在统计学中具有重要的地位，是集中趋势的最主要测度值，它主要适用于数值型数据，而不适用于分类数据和顺序数据。

平均数常用算术平均数和加权平均数。几何平均数是适用于特殊数据的一种平均数，主要用于计算平均比率。变量值本身是比率形式时，采用几何平均数更为合理。在分析水利固定资产投资的平均年增长率时可采用几何平均数。均值有直观、简明的特点，对数据提供整体概念和大致达到的水平。如月度全国重大水利工程平均完成投资达到85％，就会给使用者一个大致概念，距离90％的年度目标任务还有5个百分点的差距。同时，均值的使用也会造成一种"假象"，因为所有的数据信息都参与计算，容易受极端数据的影响。如大家比较熟悉的歌手大赛，在计算得分时，往往会去掉最高

---

[1] 贾俊平，何晓群，金勇进. 统计学［M］. 7 版. 北京：中国人民大学出版社，2018。

分和最低分，对总得分再进行平均计算，则会较为客观地反映歌手成绩。

当然，如果数据分布较为集中，那么均值就能很好地反映集中出现较多的中心位置。如果有极端数据出现，采用中位数方法，就可以很好地反映中心位置。

2. 中位数

中位数是一组数据排序后处于中间位置上的变量值。中位数主要用于测度顺序数据的集中趋势，当然也适用于测度数值型数据的集中趋势，但不适用于分类数据❶。由于位置居中，其数值不受极端数值的影响，也能表现出总体标志值的一般水平。

3. 众数

众数是一组数据中出现次数最多的变量值，主要用于测度分类数据的集中趋势，也作为顺序数据以及数值型数据集中趋势的测度值。一般情况下，只有在数据量较大的情况下众数才有意义❶。

4. 阈值

阈值又叫临界值，是指一个效应能够产生的最低值或最高值。在分析数据时使用的阈值，可以理解为值域，即因变量的取值范围。阈值在众多领域都有应用，其值域有的是标准定额类，有的是靠长年经验积累形成。

5. 参数

参数是用于判断处理数据对象的变量，是经过经验积累总结出的用于控制数据质量的特定数值，如土方石方等工程量与投资价值量的转换参数等。

（二）集中趋势度量：均值的应用

对于数据分析而言，首要的是把握数据整体的性质，"均值"作为中心趋势统计量的重要指标，应用非常广泛。

---

❶ 贾俊平，何晓群，金勇进. 统计学［M］. 7 版. 北京：中国人民大学出版社，2018。

数据均值在中央水利建设投资统计月调度中应用较多。"月平均"数据主要包括计划下达率、资金拨付率、投资完成率、开工率、完工率等，在横向比较、纵向比较、相关性比较中都有体现。以 2020 年中央水利建设投资统计数据（截至 12 月底数据）为例说明均值的应用。

1. 反映总体情况

近几年国务院对重大水利工程项目年度目标设定为投资完成率达到 90%，面上项目投资完成率达到 80%。据统计调查，全国 2020 年中央水利建设投资平均完成率为 95.9%，其中重大水利项目投资完成率为 97.3%，面上项目投资完成率为 94.5%。从数据上看，全国水利建设投资执行情况良好，完成了目标任务，这是通过均值对总体情况的基本判断。对于月度投资完成数据，通过均值可以明显看到集中在一年的哪个季度或月份，投资计划下达较快或者投资完成较快，如一般情况下投资完成在下半年第四季度增长较快，汛期对投资完成进度有直接影响，年初投资计划下达较晚也会影响到投资完成的进度等。

2. 开展对比分析

计算出均值后，那么高于均值和低于均值的地区排列顺序就显而易见了，可以进行纵向、横向比较，并从分类数据的角度进行分析，分析哪类项目的总体情况完成较好或较差，集中在哪些地区等等。如 2020 年 12 月底的数据显示，大部分类型的项目完成了目标，但行业能力建设项目中的前期工作仅完成了 66.42%；大部分地区都完成较好，但大连的投资计划完成率不足 50%。

重要的比较值包括投资计划下达率、资金拨付率、投资完成率、项目开工率、项目完工率以及完成当年目标任务的百分率等，一般会采用环比和同比的方法进行比较。这些参考值在分析中央水利建设投资统计月报时应用较多，并在投资计划执行月调度中被采纳，用以督导加快水利基础设施建设进程。

3. 查找偏差值

查找偏差值（寻找异常值）的检验方法，以及对统计数据的诊断在水利固定资产投资统计数据质量控制中较为常见。通过均值法查找数据的偏差值，可用以分析在中央水利建设投资计划执行过程中的具体问题。

例如，在所有水利建设项目中，中央投资完成率理论上应该小于等于100%，但在分析汇总时发现"农村饮水安全巩固提升工程"的中央投资完成率超过了100%，超出了一般认知概念。继而查找是哪些地区的此类项目完成率出现了问题，具体原因是什么。经核实，因"十三五"期间脱贫攻坚为第一要务，要着力解决农村饮水不安全问题。有些地区存在资金整合情况，其他来源的资金或者其他水利资金整合后用于农村饮水安全巩固提升工程，增加了中央政府的计划投资，造成投资完成率超过100%。

采用均值方法，会特别关注最大值和最小值。例如：对"已完成投资超过100%的地区"就会予以关注。当期是安徽和福建超过了100%。经分析，地方投资的完成率超过了100%，而中央投资的完成率不足100%。"均值"反映出了问题，就是总的完成率有可能掩盖了未达到目标的指标完成率，比如重大项目投资完成率年底的均值超过了90%，总体上可以说完成了目标任务，但分析具体项目，就会发现部分项目是低于均值的。出现超过正常值的均值就要具体分析是填报误差，还是因为对统计口径的理解不到位，导致数据多报，造成出现超过100%的偏差。

异常数据是由客观和主观因素共同造成的，要结合异常值产生的因素来辨别是否产生了数据质量问题。上述投资完成率超过100%的项目类型和地区若存在客观因素导致数据出现异常值的情况，数据上显示不合理，需要追根溯源，挖掘数据背后的原因，推动改进投资计划管理工作。

（三）时间序列分析：获取预测值

把某种统计指标数值按时间先后顺序排列起来所形成的数列称为时间序列，也称为时间数列、动态数列。任何一个时间序列都具有两个基本要素：一是统计指标数值所属的时间，可以是年度、季度、月度或其他时间；二是统计指标数值，是各个时间上的发展水平。

对时间序列数据进行合理性、趋势性分析，在数据挖掘过程中发现数据变化特征及其趋势，对未来数据进行预测，并与最终实测数据进行比对，判断偏差值是否合理。

1. 特点

时间序列是指同一现象在不同时间的相继观察值排列而成的序列❶。时间序列中的时间可以是年份、季度、月份等，根据数据的调查频度而不同。利用统计指标的历年数据来建立模型，然后根据模型计算出历年的预测值，并通过模型检验实际值与预测值的差距。

时间序列分析主要用于研究数据在长期变动过程中存在的规律性，以及受外界环境因素影响的程度，并对未来进行预测性分析，进而通过干预来控制未来事件的走向。

2. 应用

（1）水利固定资产投资与 GDP。固定资产投资是推动经济增长的重要动力，水利固定资产投资与 GDP 也存在一定关系。水利固定资产投资对 GDP 的拉动作用采用两种方法进行测算：基于生产函数法计算的 2000—2018 年水利建设投资的平均产出弹性为 0.0087，即水利建设投资增加 1 个百分点，GDP 增加 0.0087 个百分点，平均拉动效率为 1.57；基于投入产出法计算的 2003—2018 年水利建设投资的平均产出弹性为 0.0078，即水利建设投资增加 1 个百分点，GDP 增加 0.0078 个百分点，平均拉动效率为 1.19。

（2）水利固定资产投资完成。长时间序列主要用于预测年度水利固定资产投资完成规模和月度投资完成情况，利用统计指标的历年（月）数据进行拟合，计算预测值。如开展 2008 年第四季度新增水利建设投资情况分析及预测，根据前 13 周每周完成中央

---

❶ 贾俊平，何晓群，金勇进. 统计学 ［M］. 7 版. 北京：中国人民大学出版社，2018。

投资的情况，预测新增中央投资 200 亿元在哪个时间点能够完成，就采用了时间序列法。利用总体投资进度预测和项目平均投资进度预测两种方法，预测中央投资可在第 17 周基本完成。

（3）民间资本对水利建设项目的投入。《国务院关于鼓励和引导民间投资健康发展的若干意见》（国发〔2010〕13 号）指出，要"鼓励民间资本参与水利工程建设"。这些政策的颁布为民间资本进入水利建设领域奠定了政策基础。水利建设项目的正常实施需要广泛引进资金来支撑后续发展，除政府这一公共财政资金的支持外，还需要积极引进民间资本的进入，民间资本的引进能够很好地改善资金缺口问题，有效提高水利建设项目开展。在分析十八大以来民间投资投入水利建设项目的情况时采用了时间序列数据。2013—2019 年，民间投资逐年增加，共计完成 6971.6 亿元，占七年总投资完成的 10.0%；2012 年民间投资完成额占总投资完成的 4.8%，2019 年提高至 12.2%，达到 822.9 亿元，年均投资完成增速达 9.5%。民间投资结构持续优化，主要投向为引调水工程、流域生态综合治理、河湖水系连通工程、水库枢纽工程、中小河流治理等水利项目，更加注重水资源调度与调控、生态环境保护与治理等领域。各地探索建立投资项目信息库，完善投资平台、改善民间资本投资环境，优化水利建设项目产权，通过"以奖代补""先干后补"等方式，鼓励和引导企业、农民、农民用水合作组织、新型农业经营主体投入水利工程建设和管理，预计"十四五"期间民间资本的投入规模将逐年增长。

四、实测与参考值的比对：偏差法的应用

数据异常是统计数据普遍存在的质量问题，运用异常值的检验方法，如通过集中趋势与异常值的评估、分布分析、相关性分析、对比分析等方法，比较实测与预测数据，对统计数据质量进行诊断。

（一）分布分析：阈值与合理区间的应用

数据分布分析主要反映数据集中趋势度和离散程度，同时运用均值、阈值、合理区间等测度值掌握数据特征，查找偏离值较大的异常值。

1. 价值量与实物量的分析

水利固定资产投资的价值量指标与实物量指标之间是存在逻辑关系的，实物量如土方、石方、混凝土的工程量来自监理的月报数据，对应合同价转换成投资完成的价值量。对于已填报的投资和工程实物量数据，可以根据阈值判断数据填报的准确性有无偏差，偏差量有多大。

如全国当年完成的工程实物量的土方、石方和混凝土的比例一般为1：0.1：0.01，这个比例可作为"参考值"。用此参考值与各地区实际上报的数据进行比对，有些地区的比例会超过这个区间，再详查具体是哪些项目造成的偏差较大。如果偏差值出现在重大水利枢纽工程上，则一般来说不会有问题，是水利工程自身特点造成的，会使土方和石方的数据偏大，远远超过常规项目的比例。比如新疆某重点水利枢纽工程，其项目初步设计的土方量为3330万立方米，混凝土是79.48万立方米，土方与混凝土的比例是1：0.02。

2. 结合分类指标的分析

运用"合理区间"工具时，往往结合分类指标数据一起使用。在水利固定资产投资统计中，分类指标使用较多的有行政区划、流域、项目类型、项目隶属关系、建设性质等。这些分类自身已带有一定属性特征，结合投资数据会形成一些固定的数据合理区间，即符合常规的参考值，作为数据全面性审核和评估的工具使用。如行政区划带有东中西部特征，对于年度投资完成数据来说，东部地区如江苏、浙江、福建、广东、山东等地区，一般年均完成投资为350亿~450亿元。某年山东的完成投资低于300亿元，经了解，漏报了地方自主安排项目，全面性审核即评估为"项目未全面上报"。

按流域划分，长江流域、黄河流域因覆盖地区较多，完成投资占比相对较高，如得到的结果超出了常规概念的参考值，就需要查找是哪方面数据出了问题。

分类指标，即属性指标本身也存在阈值。如隶属关系仅包括中央属、省属、地市属、县属和其他，中央属的项目一般为七大流域管理机构和部直属单位管理的项目，31 个省（自治区、直辖市）和新疆生产建设兵团管理的项目一般不会出现"中央属"的选择。如果某地出现"中央属"项目，则应判断其项目是否是跨区域由中央直属的项目，如山东、河南、湖北等地的南水北调项目等。近年来县属项目所占比例较大，在本地区的占比往往超过了 80%。流域与地区的相关性也存在合理区间，如西北诸河流域主要包括内蒙古、甘肃、青海、新疆等地区，如出现其他省区也有西北诸河流域的情况，则存在偏差，即视为数据错误。

3. 复合指标的分析

在对汇总数据进行评估分析时，一般会采用复合指标进行合理性分析，以判断是否有指标数据出现偏差，偏离某阈值或合理区间。第五章合理性分析中提到复合指标、合理区间、阈值的分析。如全国水利固定资产交付使用率在 2005—2010 年从 64.5% 提升至79.7%，是缓慢上升过程；"十二五"期间大规模投资增长，在建工程规模加大，水利固定资产交付使用率略有下降，而后到"十二五"末达到 80.2%；"十三五"开始，随着水利投资规模大幅增长，固定资产交付使用率从 66.3% 下降到 51.8%。在评估分析数据时，应考虑各地区客观因素的影响，也要考虑一般水利工程的基本建设规律，与通过已有经验获得的参考值进行比对。再如水利项目建设周期，由于近年来面上项目增多，大量面上项目的建设周期大幅缩短，从 2005 年的 7.9 年缩短到 2012 年的 3.5 年；2013—2019 年，水利项目建设周期略微上扬，但总体保持较低水平，平均为 4.2 年。这类复合指标存在一定的合理区间数值，把握水利项目的特征，就可以进一步分析不同地区、不同项目类型的差异，从而查找数据趋势分布特点和偏离值。

（二）相关性分析：综合比较评估

事物之间存在着大量相互联系、相互依赖、相互制约的数量关系，这种关系可分为函数关系和相关关系。相关性分析也是数据挖掘的主要内容，是从大量的、不完全的、有噪声的、模糊的、随机的数据中，提取隐含在其中、人们事先不知道、潜在有用的信息和知识的过程。

1. 相关性分类

相关性分析是指对两个或多个具备相关性的变量元素进行分析，从而衡量两个变量的相关密切程度，是测定现象之间相互关系的规律性，并据此进行预测和控制的分析方法，是研究变量间密切程度的一种常用统计方法。

对单一指标来说，在设计水利固定资产投资统计调查表时，对指标之间的潜在关联规则就进行了设定，通过这些潜在的关联规则发现数据存在的偏差，从而校正数据以满足相关性要求。本书第五章详细阐述了具体的关联规则。此外，对数据进行评估分析时能够发现数据库中的数据之间可能存在某种潜在规律，挖掘数据库中数据间隐含的相互关联关系也能够对统计数据质量加以控制。

对汇总指标来说，相关逻辑检验主要有两种表现形式，一是总量指标本身之间存在比较稳定的比例或比率关系，如当年投资完成一般占当年投资计划的90％左右；二是总量指标的变动趋势之间存在相当程度的同向或反向一致性，如当年全口径投资落实较大，则当年完成投资规模相应增大。

2. 指标间的相关关系

主要利用水利固定资产投资统计指标之间客观存在的相关关系进行比较分析，可以说指标之间互为影响因素。价值量与实物量指标、实物量与效益类指标，彼此关联，互为影响；这些指标配以辅助指标就可以有效地对数据进行相关性分析。

（1）总量与分量指标之间稳定的比较关系或比率关系。在价值量指标之间存在一定的相关关系，比如当年投资完成的指标数据包括建筑工程、安装工程、设备工器具购置和其他等四个分类，一般来说，建筑工程和安装工程的投资完成占比为完成投资的70%左右。但仍需针对不同项目类型分析总量指标与分量指标之间的关系，如枢纽工程与面上项目就会存在差异，大型引调水工程的移民投资当年完成占比有可能会超过建安工程。

（2）不同类指标的相关关系。本年完成投资与新增固定资产、本年完成投资新增投资效益之间存在一定关系。可以使用固定资产交付使用率、建设项目投产率、固定资产投资转化率等公式将本年完成投资、新增固定资产等指标相关联，结合分类指标对数值进行偏差分析。主要存在的数据质量问题是各级水行政主管部门较为重视投资计划、到位和完成指标，但对相应的投资效益、新增固定资产情况未能及时反映，导致投资效益、新增固定资产投资等指标漏填。如2019年全国固定资产交付使用率平均为51%，相比往年略有下降，分析具体原因，部分投产项目漏报新增固定资产数据，加之2019年重大水利工程投资大，完成较多，但当年尚未形成固定资产，导致固定资产交付使用率较低。

（3）投资计划与当年完成的相关关系。当年投资计划，当年不一定能够完成。如当年投资完成一般是当年投资计划的90%；但有些项目，如小型农田水利建设项目、水利工程维修养护项目等一般当年安排投资计划当年能够完成。有时候也需参考历史序列数据进行比较分析。

3. 与外部因素的相关性分析

水利固定资产投资数据与外部行业数据进行相关性比较分析，主要是与国家统计局发布的水利管理业数据进行横向比较。主要采用"固定资产投资产出效率"公式进行分析比对。

国家统计局每月发布关于全国以及分行业固定资产投资增速数据，如水利管理业—基础设施建设2020年同比增长4.5%，在分析水利固定资产投资完成增速以及全社会水利固定资产投入等数据时，相应参考国家统计局数据，分析评估数据合理性。如数据偏差较大，应查找问题原因。以2018年9月两套数据的比对为例，国家统计局的水利管理业固定资产同比增长为－4.7%，水利建设投资完成同比增长－12.9%，从月度数据增长趋势看，水利建设投资呈负增长，下降的趋势是相似的，但是水利建设投资增长降幅有扩大的趋势，后续结合对辽宁、湖南、重庆、云南等省（直辖市）开展典型调查，分析了投资下降的主要原因，地方财政性资金、平台公司投资及银行贷款等3类投资降幅较大。

（三）对比分析：分类指标的运用

分类指标的运用主要从辅助指标的角度去评估数值型数据的准确性与合理性，与分类数据相结合进行分析，有可能发现更多关联和特征。

在水利固定资产投资统计中，分类指标使用较多的有行政区划、流域、项目类型，这是月报和年报都有的分类指标。月报还涉及资金来源的分类，年报还涉及项目的隶属关系、建设性质、建设阶段、项目规模等。凡有分类的指标均可以作为分组对数据进行分析。

1. 地区分析

依据地理、气候、水资源等条件以及社会经济发展水平，对条件相似地区例如东北地区、西南地区、东部地区、中部地区以及西北地区的各类年报调查对象的数量和分布、主要指标的绝对数或相对数进行比对，分析其合理性和匹配性，寻找偏差值。

《中国水利统计年鉴》对水利建设投资统计数据进行全方位剖析，聚焦反映一个指标"本年完成投资"在不同分类下的地区分布，可见地区分类的重要性。

地区对比的参考值一般为经验值，同时考虑当年不同地区的投资安排、在建项目实际情况等进行分析，主要用于中央投资计划、本年投资完成、完成工程实物量以及投资效益等。如某年年报数据，在比对地区间偏差值时，发现湖南在建水库规模达到62亿立方米，当年湖南水利投资未安排大型水库建设，根据经验判断，这属于明显错误，经查，将某小型水库库容为69万立方米未经换算直接填报导致汇总错误；新疆上报本年在建水库库容为74亿立方米，根据当年实际安排项目，掌握新疆有在建国家水网骨干工程，进而查找具体项目，均属于在建大型水利枢纽工程，其水库库容未填报错误。

地区分布除了一般的行政区划的分类外，还包括特殊地区的分类，如革命老区、少数民族地区、深度贫困地区、"三区三州"等。同一个数值数据在不同分类中可以分析出不同特征。比如"十三五"期间对832个贫困县中央投资进行分析，就需要了解贫困县的各类项目投入，如重大水利工程在贫困县的投入是否在填报时及时反映，分类分析时会发现地区有漏报或者错报的情况出现。

2. 资金来源分析

月报将投资来源划分为中央预算内投资和中央财政水利发展资金两种，每种分类下又细分不同的项目类型。如中央预算内投资用于国家水网骨干工程、大中型病险水库除险加固工程、中型水库等；中央财政水利发展资金用于中型灌区节水改造、山洪灾害防治、中小河流治理、小型病险水库除险加固、水利工程设施维修养护等工程。

年报统计涉及资金来源种类较多，特别是在地方全口径落实投资中，将资金来源划分为政府投资、企业和私人投资、贷款、外资和其他；其中，政府投资又划分为中央政府投资和地方政府投资。

资金来源的主要依据是发展改革部门和财政部门下发文件、与银行签订的贷款协议等。往往依据约定俗成的既有经验来选择资金来源，比如大中型病险水库来自发展改革委的投资，而新建小型水库则来自于中央财政发展资金。对资金来源进行分类分析时可校核数据填报的质量问题，用以对比政府投资与其他资金来源的比例。经分析，近几年中央政府和地方各级政府对水利的投资约占总投资的82.7%，仍然是水利固定资产投资的主要来源，如某西部地区资金来源比例出现偏差，非政府投资超过50%，就需要进一步核实。

3. 项目类型分析

数值型数据可以转化为分类数据。例如"投资"是一个数值型数据，如果研究投资倾向，则可以按照一定的标准把项目划分为不同的类型，如水资源工程、防洪工程、水土保持及生态项目、行业能力建设项目等，通过不同类型项目的比较分析投资倾向趋势。在《调查制度》中，项目类型设计较细，可以归为上述大类。通过分析大类，了解当年投资倾向，是否与往年规律相符，如果出现比例偏差，则会根据当年投资趋势走向分析是否符合客观实际。

项目类型决定了它的投资用途，如水库除险加固项目，投资用途往往是改善库容，改善灌溉面积，在填报投资完成规模时，应选择"防洪"和"灌溉"分类；对于大型水利枢纽工程，其工程用途是多样的，在分析投资完成时，应该按一定比例对投资用途进行分解，如果集中于某一用途，则无法完整体现投资倾向。在进行汇总时，某地区出现某用途的投资完成的偏差较大，如"前期工作"或"其他"占比较高，此时应追根溯源到具体项目，核查是否属于实际情况，如当年移民投资或前期工作完成投资较大等。

（四）综合评价分析：其他领域方法的应用

除了上述常用的统计分析方法外，也会将其他领域比较成熟的方法应用于对投资的综合评价。

以分析各地水利建设项目补短板积极性的问题采用的"增长矩阵"的方法为例。增长矩阵是一种市场产品分析办法，将产品根据市场占有率和增长速度分成四种情况：①高增速、高占有率的产品被称为明星产品；②低增速、高占有率的产品被称为金牛产品；③高增速、低占有率的产品被称为问号产品；④低增速、低占有率的产品被称为瘦狗产品。本书以综合占比和综合年均增长值的平均值为原点，构建水利建设投资的增长矩阵。增长矩阵可以用来分析各地补短板积极性的内在差异。通过对 2014—2019 年各地当年分资金来源完成投资的分析，计算其综合占比和年均增长值，得到综合得分。如北京市，中央、地方财政、社会资本用于水利建设的资金比例分别为 3%、59%、38%，各自占比分别为 0.17%、0.93%、0.67%，得到综合占比为 3%×0.17%＋59%×0.93%＋38%×

$0.67\% = 0.80\%$；各自年均增长值分别为 0.01%、-0.12%、0.02%，得到综合年均增长值为 $3\% \times 0.01\% - 59\% \times 0.12\% + 38\% \times 0.02\% = -0.06\%$；最终得到综合得分为 $0.80\% - 0.06\% = 0.0074$ 分。按此计算方法将 31 个省（自治区、直辖市）分别计算完成，再放入相应的象限中查看其属于哪类产品（图 6-1）。

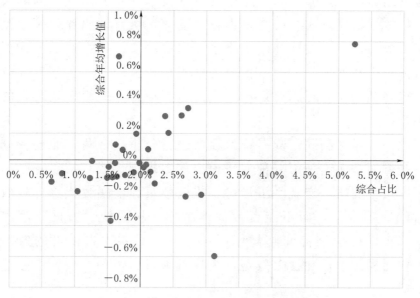

图 6-1　水利建设投资的增长矩阵

新疆、云南、安徽、上海、湖北、贵州等 6 省（自治区、直辖市）在第Ⅰ象限，具有较高的综合占比和较高的综合年均增长值，属于明星省份，应当总结典型经验在其他省份推广使用；西藏、内蒙古、山东、福建等 4 省（自治区）在第Ⅱ象限，具有较低的综合占比和较高的综合年均增长值，属于问号省份，在补短板上具有较好的前景，也需要积极应对可能存在的风险；广西、山西、陕西、江西、河南、青海、吉林、重庆、宁夏、辽宁、广东、海南、北京、天津等 14 省（自治区、直辖市）在第Ⅲ象限，具有较低的综合占比和较低的综合年均增长值，属于瘦狗省份，这些省份应尽快找出在争取资金方面的问题和不足，充分利用现有政策，借鉴明星省份的有关经验，努力提高用于水利工程建设的资金比例；四川、黑龙江、浙江、江苏、河北、甘肃、湖南等 7 省份在第Ⅳ象限，具有较高的综合占比和较低的综合年均增长值，属于金牛省份，应极力稳定综合年均增长值，防止跌入第Ⅲ象限。

目前，在现有水利统计调查模式、数据采集方式、数据规模等条件下，水利固定资产投资统计数据质量控制中采取的这些方法技术是适用的，也是够用的。随着大数据技术的发展以及数据的快速增长，数据采集方式有可能发生较大变化，从行政业务记录中抓取数据将成为常态，数据规模也将呈几何级增长，那么在对大数据进行数据分析和处理时，相较传统的处理分析方法，一定是以计算机技术为基础，充分利用海量数据进行数据挖掘，进而发现隐含的知识和规律。

此外，对水利固定资产统计数据进行分析，有两方面要特别注意：一方面是无论采用哪种方法得出的数据规律或其特点，必须结合国家重大战略、宏观经济形势、投资政策、金融政策等分析数据背后的影响因素，而不能就数据谈数据，从而使"数据"落实落地，真正发挥信息咨询监督作用；另一方面要注重投资的效益分析，包括经济效益和社会效益，为投资项目后评价、投资决策等提供支撑。

第七章

水利固定资产投资统计质量保障措施

近年来，在水利固定资产投资统计方面，水利部组织水利部发展研究中心不断强化工作管理和技术革新，加强制度及信息化建设，同时，持续研究统计数据采集、填报、审核、分析等环节的技术方法，为水利固定资产投资统计质量提供了保障。

一、统计工作流程再造

针对水利统计工作基本流程建立规章制度，强化内部约束机制，使水利固定资产投资统计工作有法可依、有章可循，是保障水利固定资产投资统计质量的第一道堤防。

（一）建立"统一管理、分级负责"的统计工作管理体制

《中华人民共和国统计法》规定，各部门要"依法组织、管理本部门职责范围内的统计工作，实施统计调查"。水利部始终强调依法统计，不断建立健全水利统计管理制度，为顺利开展各项统计调查奠定了扎实基础。早在1999年，水利部就出台了《水利统计管理办法》，2014年进行了全面修订，建立了"统一管理、分级负责"的水利统计管理体制，对水利统计任务、管理职责、统计调查、责任追究等进行了明确规定，成为水利统计工作的"基本法"。依据这项"基本法"，在水利部层面，建立了规划计划司归口管理、各相关司局分工负责、事业单位和流域管理机构业务支撑、学术团体

配合的水利统计工作机制；在地方层面，地方各级水利部门明确了统计机构、健全管理制度，配备了 5000 余名统计人员，逐级履行统计调查、汇总审核等职责，确保水利统计高效运行。

（二）依法设立并完善水利统计调查制度

强化水利固定资产投资统计基础工作，需要构建完备的统计调查体系，保障统计资料的真实性、准确性、完整性、及时性，科学、有效地开展统计工作。针对水利固定资产投资统计工作面临的新形势和新要求，结合国家统计局发布的《中华人民共和国统计法实施细则》《部门统计调查项目管理暂行办法》和《固定资产投资统计报表制度》等的要求，水利部持续完善水利建设投资统计指标，修订《调查制度》并及时报送国家统计局正式备案。比如，参照国家统计局新修订的《固定资产投资统计报表制度》，2020 年调整了《调查制度》中"完成投资"的填报方法和计算依据，水利统计调查制度趋向规范，统计指标体系逐步完善，为全面掌握水利工程建设进度，及时反映水利投资在稳增长中的作用，有效实施水利投资计划执行管理提供了制度保障。

（三）制定一系列水利统计标准

长期以来，水利统计工作取得重大成绩。为了从体制和运行机制方面进一步提高水利统计工作的规范化、标准化水平，结合水利统计调查方案编制、信息分类、水利统计体系分类、水利统计基础数据采集、水利统计登记、统计台账编制等各个环节、各个方面，依据国家统计标准，水利部颁布了《水利统计通则》（SL 711—2015）、《水利统计基础数据采集技术规范》（SL 620—2013）、《水利统计主要指标分类及编码》（SL 574—2012）等一系列水利统计标准，在水利统计基础数据采集的基本工作内容和技术要求、水利统计工作的流程环节和原则方法、水利统计指标设置标准等方面作出了明确规定，严格规范数据采集、指标填报的方法和要求，为水利统计数据质量提供了保障。

二、完善监督审核机制

（一）实施严格的水利统计数据日常审核机制

由于各种原因，从不同渠道收集得来的统计数据与实际是有偏差的，为确保数据的真实性，建立了水利固定资产投资统计数据审核制度，通过审核控制与修正误差，保证统计数据质量。

（1）组织实施年报数据会审。针对各地上报水利建设投资统计年报数据，由水利部审核小组提出审核要求、明确审核流程、详细说明审核办法和重点内容，各专业小组聚焦统计数据完整性、规范性、逻辑性、合理性等方面，同步开展审核工作。对各审核小组专家提出的意见或建议，被审单位签字确认后，针对具体问题和异常数据追根溯源、落实整改，避免错误数据进入最终统计成果。年报审核流程见图7-1。

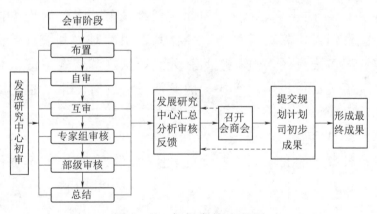

图7-1 年报审核流程图

（2）建立重点指标会商制度。针对水利建设投资统计、重大水利工程建设进展情况专报统计、地方落实水利建设投资统计中出现"异常"情形的重点指标数据进行会商，以更好地发挥专家会诊优势，达到集中解决异常数据，消除分歧，全面提升数据质量的目的。其中，重点指标是指与水利发展规划目标或《政府工作报告》

确定的年度任务目标直接相关、向社会公布公开或敏感度高、对行业管理有重要参考作用的统计指标。

（3）开展数据质量检查。2013—2015 年，水利部组织对中央水利建设投资统计月报填报情况开展专项检查，并在 2014 年开展"水利统计质量年活动"，巡查了解 2013 年中央水利建设投资统计月报数据是否存在项目漏报、数据错填等问题，逐月上报的数据是否存在较大增减变动以及变动原因。实地调查发现统计基础薄弱地区的项目台账不健全、对水利建设投资统计数据指标理解不到位等问题，并督促整改。

（二）建立防范和惩治水利统计造假责任制

为贯彻党和国家关于防范和惩治统计造假、弄虚作假的决策部署，水利部规划计划司于 2018 年开展相关研究编制工作，于 2019 年 9 月印发了《水利部办公厅关于防范和惩治水利统计造假、弄虚作假责任制的通知》，明确规定各级水行政主管部门要建立由 5 级责任人（主要领导责任人、间接领导责任人、第一责任人、主体责任人、直接责任人）分级负责的责任体系；明确对水利统计造假、弄虚作假违纪违法责任人员，按照有关法律法规和规定追究责任；明确了监督落实责任机制。天津、黑龙江等省（直辖市）也建立了防范和惩治水利统计造假责任制，安徽省将责任制备案制度向市县两级推广。2021 年要求各流域、各省（自治区、直辖市）报送在国家统计局审批备案的 9 项调查制度的五类责任人，建立五类责任人名录库，并定期进行更新维护。

（三）开展水利建设投资统计数据质量核查

2019 年，针对水利稽察、审计发现的水利固定资产投资项目存在的数据质量问题，开展对水利建设投资统计数据质量核查办法的研究。主要围绕核查内容、核查方法、问题认定、责任追究等方面进行研究，并于 2020 年 12 月正式印发《水利建设投资统计数据质量核查办法（试行）》（简称《核查办法》）。问题认定和责任追究是倒逼水利统计责任单位树立依法统计红线意识、加强和改进统计工作监管的关键措施，同时设立法规制度，对责任追究完善与强化，必能起到威慑警示和政绩导向的积极作用。在《核查办法》中将问题划分为一般问题、较重问题和严重问题；责任追究对应问题的分类，规定了对责任人和责任单位的追究方法。对责任单位的责任追究一般包括责令整改、约谈、通报批评等；对责任人的责任追究一般包括书面检讨、约谈、通报批评、建议调离岗位等。依据该办法，2020—2021 年选取山西、安徽、四川等 16 个省份的 35 个县，组织开展了水利建设投资统计数据质量实地核查工作，为稳步推进数据质量核查、加强统计追责问责"迈出了第一步"。

三、加强水利统计行业能力建设

统计人员是企业经济活动的管理者、执行者，水利统计人员的素质高低是决定统计信息质量的关键因素，也是水利统计行业能力建设的主体。

（一）持续开展水利统计培训和指导

面向省级统计骨干人员和基层市、县级水利统计人员，每年组织举办多期水利统计培训，十年间共组织培训 34 期，培训 3153 人次。将《固定资产投资统计报表制度》《调查制度》《中华人民共和国统计法实施条例》及网络直报系统操作使用、数据质量控制要求和方法等作为重要培训内容，不断提高基层水利统计人员的业务素质和工作水平。近年来，不断创新培训模式，在培训方式上增加了案例式、体验式教学，组织学员实地参观了解水利工程建设和运行情况；录制网络课程，有效扩大培训效率和范围；着重培养师资人才，打造"国家队"，组织资历深、能力强的流域、省级水利统计人员参与基层授课。同时，通过宣传、检查、调研等形式，加大对流域统计、区域统计和基层统计工作的组织指导力度，保证了水利固定资产投资统计各项工作的贯彻落实和顺利开展。

（二）着力加强水利统计理论研究和学术交流

1991 年中国水利学会第五届第三次常务理事会审议决定，成立中国水利学会水利统计专业委员会，挂靠水利部规划计划司。各省、自治区、直辖市和流域机构以及科研、教育、建设单位的水利统计学术团体的会员为本会团体会员，同时直接吸收部分单位的个人入会。水利统计专业委员会是专门研究水利统计理论和实务的学术团体，是中国水利学会的团体会员，主要活动是开展水利统计理论研究和学术交流，研究水利统计数据生产、发布和管理的技术和方法，宣传和普及水利统计知识，开展统计业务咨询。2019 年的水利统计专业委员会年会上，经选举产生了第五届领导班子，目前委员共计 44 名。

水利统计专委会在中国水利学会和规划计划司的领导和指导下，以服务水利中心工作、服务广大水利统计人员、加强专委会自身能力建设为宗旨，编撰完成《水利统计学科发展报告》《水利统计制度与操作实务》等，注重加强水利统计学科理论建设，首次明确水利统计学科主要内容。同时，专委会每年至少举行一次年会，关注当下水利统计重点工作，围绕第一次全国水利普查、统计制度建设、统计成果应用、数据质量控制等内容开展研讨，为水利统计工作实践提供了很好的指导和借鉴。

（三）不断强化统计分析和服务能力

统计数据质量是统计工作的生命线，质量日趋提升的水利统计数据在推动水利高质量发展中发挥了重要的基础作用，成效显著；同时，水利统计数据在支撑水利规划计划、水利工程建设、水资源管理、水旱灾害防御、水土保持等各项工作的应用中，也得到了切切实实的检验，反过来进一步帮助提升了数据质量。

（1）在水利规划工作中，水利建设投资统计数据已成为评估水利发展成就、查找水利短板、确定规划目标任务的基础依据，为水利规划编制工作提供了重要支撑。比如，在水安全保障"十四五"规划编制中，规划计划司会同相关司局，运用统计数据，对列入国家"十三五"规划纲要的水利指标和重点任务进行了全面总结评估，评估结果表明，"十三五"规划实施进展良好，部分目标和任务已提前或超额完成。"十四五"规划目标任务制定离不开水利统计基础数据的支撑，同时，"十四五"目标任务的顺利实施更需要水利统计发挥其调查、分析、监督职能，对水利统计工作和统计数据质量提出了更高要求。

（2）在水利建设工作中，水利建设投资统计持续跟踪分析水利建设进展，帮助及早研判问题，制定针对性措施，督促地方纠正偏差，确保党和国家部署的重大水利建设任务落实落地。比如，在中央水利建设投资计划执行调度会商工作中，在月报和重大水利工程建设进展情况专报基础上，每月编制"10 套表"，从分地区进度、年度目标完成、同比和环比变化等角度，对各类工程投资计划执行、全口径地方投资落实、贫困地区投资安排等进行统计分析，作为对各省份开展督促、约谈和通报工作的重要依据。为满足科学精准调度的需要，高质量的水利建设投资统计数据是其内在必然要求。

（3）通过资料整编、统计分析、信息发布等形式为社会经济和水利事业发展提供大量的基础数据。通过定期编印《全国水利发展统计公报》《中国水利统计年鉴》、水利统计提要等成果，逐步形成了统计信息的发布机制，全面、及时地反映了水利发展的基本情况，宣传了水利建设成就。将统计成果向社会公布，在一定程度上也起到了对数据质量的监督激励作用。

（4）水利统计信息纳入国家统计体系的内容越来越多，水利统计数据越来越受到社会各方面关注，满足了国家发展改革委、财政部、国家统计局等宏观经济管理部门的需要，已成为判断社会经济发展状况的重要参考，尤其是水利部开展的中央水利建设投资统计月报和重大水利工程建设进展情况专报工作受到各有关方面的好评，为加快水利建设提供了重要参考和手段。

四、提升水利固定资产投资统计信息化水平

结合水利固定资产投资统计工作实际需要，创建数据收集、处理、共享信息化平台，可大幅度提升统计工作效率。

（一）建立完善水利建设投资统计直报系统

水利建设投资日常统计项目繁多、任务繁重，为提高统计效率，保障各项统计工作顺利开展，水利部不断加强水利统计信息化建设工作。2014 年，水利部规划计划司组织完成"水利规划计划管理系统升级改造"项目，其中"水利统计管理系统"作为统计直报系统是其重要的组成部分，将单机系统与原有直报系统、年度与月度统计任务、统计与计划工作完成衔接与整合，实现了水利建设投资统计、水利工程名录库等多项统计任务在同一系统平台联网直报，于 2015 年年末正式上线，全面部署各项统计任务，并在此后根据前期使用情况进行了部分功能完善和全年的系统运行维护工作。目前，水利统计管理信息系统作为月报、年报、节水供水重大水利工程建设进展情况专报等统计任务的报送载体，作用于统计数据的录入、编辑、审核、查询和汇总的整个生命周期，服务于水利统计管理单位和基层水利统计工作部门的各项工作阶段，有力支撑了水利建设投资统计工作顺利开展。

（二）创建水利工程基本信息数据库

近年来，随着大规模水利建设的发展，我国的水利工程数量不断增加，及时更新、维护和管理水利工程调查对象是各级水行政主管部门加强水利行业宏观管理，充分了解水利工程基本情况，掌握数量、规模、主要水利设施能力的必然要求。基于此，2016 年将水利普查的工程名录数据库导入水利统计管理系统，并利用系统开展增加、减少名录库的数据录入与审核工作，形成和完善年度最新的水利工程基本信息数据库，为水利建设投资统计提供了基础的工程

信息支撑。

在规范健全的水利统计工作体系下，日趋完善的水利统计管理制度、水利统计调查制度、水利统计标准和数据质量核查检查机制，科学全面的水利统计培训指导、理论研究和学术交流，以及高效完备的水利统计信息化平台和基本信息数据库，从制度、理论和实践等多层面为水利固定资产投资统计数据质量管理和控制提供了保障。

第八章

总 结 与 展 望

本章对前述研究主要成果和创新点进行凝练总结，并对今后水利固定资产投资数据质量控制进行展望。

一、主要创新点

本书将统计数据质量审核评估及控制理论运用于水利固定资产投资统计工作实践，主要创新点如下。

（一）首次提出"三维"水利固定资产投资统计质量控制体系

结合水利固定资产投资统计工作全流程、影响统计数据质量的主要因素、统计数据偏差分析管理等方面，以统计工作实施环节、数据质量评价标准、数据评估分析方法为切入点，首次提出包含全过程质量控制（纵向）、因素质量控制（横向）和偏差法质量控制（立项）的"三维"水利固定资产投资统计质量控制体系，全方位阐释了水利固定资产投资统计数据质量控制的路径，相关研究成果已在水利固定资产投资统计工作实践中得到了很好的应用。

（二）首次提出水利统计管理"四边形"模式

结合水利统计工作的长期实践、一般规律和管理要求，创新性地提出水利统计管理"四边形"模式，即：水利部设计统计报表制度、自上而下逐级布置统计任务、基层单位组织数据采集和填报、自下而上汇总上报形成数据库，形成了包含统计项目和报表制度、统计工作布置、统计基础数据生产以及上报审核汇总等全流程在内的基本工作架构。该模式在水利建设投资统计日常工作中得到了很好的运用，有力保障了统计工作各环节的顺畅开展，为水利建设投资统计数据质量管理奠定了良好的制度基础。

（三）填补了水利统计行业标准规范空白

结合水利固定资产投资统计调查方案编制、信息指标分类、基础数据采集、统计台账编制等各环节，研究编制了《水利统计主要指标分类及编码》（SL 574—2012）、《水利统计基础数据采集技术规范》（SL 620—2013）、《水利统计通则》（SL 711—2015）等水利统计有关标准，在水利行业内尚属首次，填补了行业空白，同时也是国家层面统计相关标准中的创新。相关标准对规范和指导地方开展水利固定资产投资统计工作具有重大意义。

（四）率先提出统计数据质量核查办法

结合水利固定资产投资统计工作特点，编制《水利建设投资统计数据质量核查办法（试行）》，明确了水利建设投资统计数据质量核查的内容方法、问题整改和责任追究等内容，在国家部门统计工作中开创了先河，得到了国家统计局的肯定。依据该办法开展的 2020 年水利建设投资统计数据质量核查工作，切实加强了地方水利统计质量意识，提高了水利固定资产投资统计数据质量，取得显著成效。

二、主要成果及应用情况

本书在科学界定水利固定资产投资统计及其数据质量的基础上，吸收借鉴国内外多个组织和机构的统计数据质量管理经验，分析我国水利固定资产投资统计特点及不足，构建了水利固定资产投资统计数据质量控制体系，主要成果及应用情况详见表 8-1，并总结如下。

表 8－1　水利固定资产投资计研究与工作、成果及应用表

时间	政策依据	主管司局要求—后转为常规工作	依托项目	主要研究与工作	取得成果	应用及实施效果
2011年	《中华人民共和国统计法》	要求中央水利建设投资计划项目直报	统计基础工作、水利技术标准规程规范前期工作（2009—2011年）	1. 开展扩大内需投资统计旬报、年报常规统计工作；2. 参与直报系统需求分析及系统开发	编写《水利建设项目管理及投资信息直报系统需求及规格说明书》	开展1期培训，培训70人次
2012年	《中华人民共和国统计法》	对中央水利建设投资计划实施省级考核	统计基础工作、水利技术标准规程规范前期工作（2009—2011年）	1. 直报系统试点及正式上线工作；2. 开展中央水利建设投资计划考核办法研究、确定主要指标计算方法和具体分值；3. 研究提出水利管理的"四边形"模式	1. 颁布《水利统计主要指标分类及编码》（SL 574—2012）；2. 中央水利建设投资统计月报系统7月上线，应用于月报数据的收集汇总；3. 印发《中央水利投资计划执行考核办法（试行）》（水规计〔2012〕511号）	1. 实现中央水利建设投资统计月报的网上直报、统一平台。2. 首次对中央执行情况进行考核排名，为下一年度安排投资提供参考。3. "四边形"模式用于水利固定资产投资统计工作中。4. 开展1期培训，培训95人次

续表

时间	政策依据	主管司局要求—后转为常规工作	依托项目	主要研究与工作	取得成果	应用及实施效果
2013年	《中华人民共和国统计法》	规划计划司、建安中心开展中央水利建设投资计划数据专项检查	统计基础工作、水利技术标准规程规范前期工作（2009—2011年）	1. 开展《水利统计管理办法》修订工作，研究增加"加强水利统计数据质量"内容； 2. 协助开展投资统计数据专项检查工作（15个地区）； 3. 开展中央水利建设投资计划省级考核工作； 4. 研究增加水利投资金来源指标，细分部分政府投资来源，修订统计调查制度； 5. 研究基础数据采集方法	1. 获2012—2013年度国家统计局固定资产投资统计数据质量特等奖； 2. 颁布《水利统计基础数据采集技术规范》（SL 620—2013）； 3. 修订备案《水利建设投资统计报表制度》162号（国统办函〔2013〕162号）； 4.《国家投资统计》（水利固定资产投资统计数据与分析，2013年专报3）	1. 对基础数据采集规定了三种方法，为基层采集数据提供了技术规定。 2. 开展1期培训，培训99人次

续表

时间	政策依据	主管司局要求 后转为常规工作	依托项目	主要研究与工作	取得成果	应用及实施效果
2014年	《国务院办公厅转发国家统计局关于加强和完善部门统计工作意见的通知》（国办发〔2014〕60号）——加强和完善部门统计的要求，以及加强和完善部门统计工作的7项任务	1. 修订《水利统计管理办法》； 2. 开展水利质量年活动； 3. 增加172重大项目水利建设投资专项统计	统计基础工作、水利干部教育与人才培养、水利技术标准规程规范前期工作（2009—2011年）	1. 开展水利统计质量年活动，编制数据巡查工作方案； 2. 协助开展专项检查工作（5个地区）； 3. 研究编写水利建设投资统计年报数据会审方案；在会审方案中提出"六要素"审核； 4. 研究提出节水供水重大水利工程专报统计指标及含义	1. 印发《水利统计管理办法》（水规计〔2014〕322号）； 2. 汇总编写《水利统计工作巡查报告》	1. 在全国掀起重视水利统计数据质量活动热潮，全国各地区根据水利部文件开展了自查活动，进一步提高数据质量。 2. 开展3期培训，培训247人次

续表

时间	政策依据	主管司局要求后转为常规工作	依托项目	主要研究与工作	取得成果	应用及实施效果
2015年	《中华人民共和国统计法》	1. 开展中央投资计划执行月调度会商工作； 2. 要求直报系统整合	统计基础工作，水利干部教育与人才培养、水利技术标准规程规范前期工作（2009—2011年）	1. 协助开展投资统计数据专项检查工作（15个地区）； 2. 研究中央财政水利发展资金在计划考核中的比重和计算方法； 3. 月报工作流程再造、明确月报分工，研究实施AB角审核制度、进一步明确统计管理"四边形"模式； 4. 编制《水利统计通则》（SL 711—2015）过程中，提出纵向维度"全过程"质量控制方法； 5. 开展水利统计管理信息系统需要分析	1. 颁布《水利统计通则》（SL 711—2015）； 2. 修订《中央水利投资计划执行考核办法》（水规计〔2015〕214号）； 3. 建立月报AB角审核制度； 4. 编写《水利统计管理信息系统需求说明书》	1. 培训班上讲授三个行业标准，《水利统计通则》（SL 711—2015）成为普通水利统计工作流程和技术操作工作主要教材。 2. 开展4期培训，培训620人次

续表

时间	政策依据	主管司局要求—后转为常规工作	依托项目	主要研究与工作	取得成果	应用及实施效果
2016年	1. 10月11日，习近平总书记主持召开中央深化改革领导小组第二十八次会议，审议通过了《关于深化统计管理体制改革提高统计数据真实性的意见》； 2. 《国家统计局"十三五"时期统计改革发展规划纲要》（国统字〔2016〕152号）中提出加快推进统计现代化建设	1. 增加全口径投资落实与完成的统计； 2. 水利建设投资统计年报直报	统计基础工作、水利干部教育与人才培养	1. 设计地方全口径水利建设投资与完成情况的统计调查表； 2. 修订统计调查制度； 3. 研究中央水利建设投资统计月报制度中采用数据质量控"偏差法"对数据进行分析	1. 水利统计管理信息系统6月部署上线，同年年末水利建设投资统计年报开始直报； 2. 修订备案《水利建设投资统计报表制度》（国统办函〔2016〕496号）； 3. 《水利统计制度》（发研投会商函〔2016〕61号）	1. 实现水利投资月报、年报的网上直报和数据整合，提高了工作效率；进一步明确重点指标的会商流程与主要内容。 2. 月报及重大水利工程建设进展情况专报分发各省（直辖市、自治区）政府、水利厅等。 3. 开展6期培训，培训590人次。

续表

时间	政策依据	主管司局要求—后转为常规工作	依托项目	主要研究工作	取得成果	应用及实施效果
2017年	1. 4月，国家统计局成立统计执法监督局，负责查处重大统计造假、弄虚作假案件； 2. 5月，国务院公布《中华人民共和国统计法实施条例》； 3. 6月26日，习近平总书记主持召开中央全面深化改革领导小组第三十六次会议，审议通过《统计违纪违法责任人处分处理建议办法》； 4. 10月，十九大报告"完善统计体制"	提出编制网络课程要求	统计基础工作、水利统计网络培训课程、水利干部教育人才培养	1. 赴青海、吉林、海南、浙江等地开展水利统计数据质量调研； 2. 开展水利专业（水利统计）网络远程培训课程资源建设工作； 3. 编制《水利统计操作实务》一书	1. 编著出版《水利统计制度与操作实务》（中国水利水电出版，2017年11月）； 2. 编写《青海吉林水利统计数据质量调研报告》； 3. 编写参阅报告（择要）《2006—2015年全国水利建设投资情况简要分析》（2017年3月）； 4. 设计并录制水利建设投资统计与月调度（2学时）、《水利建设投资统计》（2学时）、《水利统计》（1.5学时）、《水利统计标准》、《水利统计管理信息系统》（4学时）	1. 将《水利统计制度与操作实务》作为培训教材发给各省级、其中湖南、广西、甘肃等地特意购买，作为本地区培训的教材。 2. 网络课程在中国水利教育培训网上推广应用。 2. 开展6期培训，培训487人次。

续表

时间	政策依据	主管司局要求一后转为常规工作	依托项目	主要研究与工作	取得成果	应用及实施效果
2018年	7月6日，习近平总书记主持召开中央全面深化改革委员会第三次会议，审议通过《防范和惩治统计造假、弄虚作假督察工作规定》	月调度会商提档升级，对月报提出"十套表"的分析要求	统计基础工作、水利干部教育与人才培养	1. 研究水利建设投资统计年报数据会审采取向维度"偏差法"的重要指标和参考数值；2. 推动立向维度的质量控制体系	1. 将"节水"供水重大水利工程专项统计纳入大水利工程统计纳入直报系统；2. 修订会审方案、一省一单	1. 增强专业审核力度，提高会审效率，出据一省一单，为地方提供会审模版参考。2. 全方位支撑中央水利建设投资计划执行月调度工作。3. 开展5期培训，培训414人次
2019年	10月，党的十九届四中全会要求发挥"统计监督职能"作用	"172＋150"重大项目专项统计	统计基础工作、水利建设投资统计数据控制与核查方案编制，水利干部教育与人才培养	1. 研究成果提炼自动化处理内容和流程，加快月度数据分析改革；2. 研究数据质量核查方法，主要包括问题认定和责任追究方式等；3. 在月度投资统计分析与月调度工作中，研究采用立向维度的控制法，寻找偏差值	1. 下发《水利部办公厅关于建立防范治水利统计造假、弄虚作假责任制的通知》（办规计〔2019〕204号）；2. 下发《关于建立水利统计工作联席会议制度的通知》（办规计〔2019〕962号）；3. 发表《数说70年水利发展成就》（《水利发展研究》2019年10期）	1. 月度报告和月调度材料从以往在7日提交提前至5日前。2. 国家统计局发来表扬信，感谢水利发展研究中心在部门统计工作中的贡献与付出。3. 开展4期培训，培训300人次

续表

时间	政策依据	主管司局要求	依托项目	主要研究与工作	取得成果	应用及实施效果
2020年	国家统计局执法监督局对部门实施统计督察	提出开展数据质量核查——后转为常规工作	统计基础工作、水利干部教育与人才培养	1. 协助规划计划司组织开展数据质量核查工作，赴四川省开展核查； 2. 研究提出"投资完成"的多种统计口径，即概算价和合同价的区别； 3. 研究数据质量核查方法，主要包括问题认定和责任追究方式等	1. 编制印发《水利建设投资统计数据质量核查办法（试行）》（水规计〔2020〕301号）； 2. 修订备案《水利建设投资统计调查制度》（水规计〔2020〕171号）； 3. 编写《2020年水利建设投资统计数据质量核查报告》《四川省2020年水利建设投资统计数据质量核查报告》	1. 被核查省份在接受核查和整改过程中，加强了对统计工作的重视程度、加深了对统计口径的理解，切实提高了数据质量。 2. 培养了流域和省级师资队伍、授课老师；核查积累了实践经验，为下一步开展工作提供了技术指导。 3. 开展3期培训，培训231人次

注 "主要工作"不包括常规统计工作，如月报、年报、《全国水利发展统计公报》和《中国水利统计年鉴》出版等，故"取得成果"中不包括月度报告、《全国水利发展统计公报》和《中国水利统计年鉴》等成果。

（一）编制《水利统计主要指标分类及编码》（SL 574—2012）

水利系统各级单位及不同部门缺少统一的水利统计指标设定标准，导致存在指标名称相同但统计口径不一致，或指标统计口径相同但指标名称不一致等问题。2011年通过梳理各类水利统计调查制度，制定统一、规范的统计指标分类标准，对具有实物量或价值量计量单位的指标，给出了分类和编码的标准方式，从纵向维度的事前阶段进行控制，保障了水利统计工作的规范性和严肃性，方便了水利行业和有关单位的统计数据处理与交换。《水利统计主要指标分类及编码》（SL 574—2012）是规范水利统计指标方面的第一个行业标准，同时也是水利统计工作编制的第一个水利统计行业标准，既是统计科学化的要求，也是统计数据准确性和可比性的技术保障。

《水利统计主要指标分类及编码》（SL 574—2012）按照《标准化工作导则 第1部分：标准的结构和编写》（GB/T 1.1—2009）要求编写完成，共包含5章和1个附录，具体为：1. 范围；2. 术语及定义；3. 分类原则；4. 编码方法；5. 水利统计主要指标分组统计代码；6. 附录A（规范性附录）指标数据元常用分组属性代码。其中，第3～第5章，即分类原则、编码方法、水利统计主要指标分组统计代码是该标准的重点内容。这些内容为基于计算机的水利统计数据的处理与交换提供了基础。

水利统计指标第一层级分类（图8-1）：在梳理各类水利统计调查制度的基础上，结合《中华人民共和国水法》《中华人民共和国防洪法》的相关规定，以及现阶段部内各业务司局的管理职能和任务，对水利统计主要指标进行了宏观层次上的归类，分为河湖基本情况、水资源状况、水利工程及相关设施基本情况与能力和效益、洪旱灾害情况、水土流失及治理、经济社会用水、行业管理及能力、水利建设与投入和其他九个指标大类。第二层级分类：对描述第一层级宏观调查内容的主要指标进行拆分，将拆分出来的指标数据元的描述内容作为水利统计主要指标第二层级的分类标识。

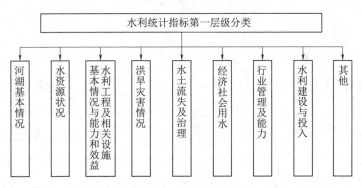

图8-1 《水利统计主要指标分类及编码》中水利
统计指标第一层级分类示意图

(二) 编制《水利统计基础数据采集技术规范》(SL 620—2013)

基础数据采集工作的规范性对数据质量至关重要。根据水利统计工作现状，明确规范水利统计基础数据的内容、分类和来源，规定了水利统计基础数据采集的技术要求以及数据采集的三种方法，为基层采集数据提供了技术规定。本规范从纵向维度的事前阶段进行控制，规定了做好水利统计基础数据采集工作，应建立水利固定资产投资项目台账；同时从纵向维度的事中阶段进行规定，为基层水利单位在事中阶段进行基础数据采集提供指导，明确采集内容和方法。

该标准中两部分应用最多。一部分是规定数据采集的三种方法，分别为行政记录法、实测法和测算法。行政记录是明确经济责任的原始凭证，也是业务核算、会计核算、统计核算的依据，主要包括业务记录、会计记录、统计记录和实测记录等，以档案、资料、电子记录等形式保存，适宜从基层业务管理部门经常使用的行政记录中搜集基础数据；实测法宜用于有实测记录的统计对象，如水利建设项目监理认证单，每月有固定记录；测算法宜用于没有实测记录或行政记录的集体、个体管理的农村水利和水土保持等工程设施，如特殊的小型、微型农村水利工程在计量用水量时会采用测算法。测算法一般会依据相关基础数据和技术参数进行修订调整。

另一部分是提出建立台账是数据质量控制的一种管理手段。台账是编制水利统计报表的依据，也是分析和使用基础数据资料的工具。台账应满足水利统计工作需要和管理要求。台账可分门别类地按时间顺序，全面、连续、系统地实时记录统计对象的数据变动，其基本形式有多指标综合台账和单指标分组台账两种。在进行水利固定资产投资统计时，台账对投资计划下达、到位和完成的统计是非常有必要的。

（三）编制《水利统计通则》（SL 711—2015）

《水利统计通则》（SL 711—2015）从纵向维度的角度，按照水利统计工作的全过程概述性规定涉及的统计工作环节以及各环节相应的技术内容。有助于加强水利统计工作统一、规范、管理，明确水利固定资产投资统计"全过程"质量控制要点，为各级水行政主管部门规范统计工作流程、协调各项统计任务、整合水利统计信息资源、提高水利统计工作的整体效能提供技术支撑和保障。

该标准涉及的统计工作环节包括统计设计、统计调查、统计整理、统计分析和统计服务。水利统计调查内容包括资源环境类、工程设施类、水利活动类、水利管理类、水旱灾害类和其他类，其中将水利建设投资归于水利活动类。《水利建设投资统计调查制度》属于水利统计调查中的水利统计报表，适用于能够通过行政指令，由各级水行政主管部门逐级收集、审核、汇总、上报开展的调查；调查方式为全面调查。

（四）定期修订完善《调查制度》（国统办函〔2020〕232 号）

《调查制度》（最新修订工作于 2020 年完成）是一项专业统计调查项目，主要反映水利建设投资的进展与成效，为各级水行政主管部门制定政策和进行宏观管理提供依据。近年来，按照规定每五年根据工作重点，不断修订完善制度中的指标名称、指标含义和计算方法，切实从全过程中的事前阶段制度体系层面对统计数据质量进行控制，为推动高质量发展和加强部门管理提供了有力的统计保障。

《调查制度》的修订一般和财政政策、水利建设投资方向等有关，比如一些项目类型的调整，"十三五"期间是农村饮水安全巩固提升工程，"十四五"期间是农村水安全保障工程；比如172项重大工程调整为国家水网骨干工程等；比如资金来源的变化，2019年起"政府专项债券"用于水利建设项目的资金越来越多，在政府投资中占了很大比例，要了解政府专项债券就需要设置相应指标；比如"十四五"期间是巩固脱贫攻坚成果与乡村振兴水利保障有效衔接的时期，要关注原脱贫县、乡村振兴重点帮扶县、深度贫困县、"三区三州"等方面的投资倾向，必须增加相应县域特征值，与水利建设项目相关联，以能够匹配水利投资进行汇总分析。

（五）修订《水利统计管理办法》（水规计〔2014〕322号）

目前，《水利统计管理办法》是水利统计工作的基本"大法"，对各级水行政主管部门开展水利统计工作具有指导意义。

2014年对《水利统计管理办法》进行修订，修订过程中，研究增加了"应建立健全水利统计数据质量控制制度，严格执行各环节数据审核程序"等统计数据质量控制内容，从制度层面提供了保障。修订《水利统计管理办法》的主要内容，提出了水利统计管理"四边形"模式的雏形，明确水利统计采用定期报表制度作为主要调查形式，由水利部负责统计顶层设计，实行逐级报送、超级汇总的方式，具体组织方式是按照"水利部设计统计报表制度、自上而下逐级布置统计任务、基层单位组织数据采集和填报、自下而上汇总上报形成数据库"来开展；提出了数据质量控制体系中横向维度的"三要素"。此后，"四边形"模式在水利固定资产投资统计工作中不断更新完善，"三要素"也衍进为"六要素"。

（六）印发《中央水利投资计划执行考核办法（试行）》（水规计〔2014〕511号）

2012年，依托纵向维度的事中汇总分析阶段的质量控制理论，确定了综合分析指标"六个率"，编制了《中央水利投资计划执行考核办法（试行）》。该办法首次规定对省级考核需依据中央水利建设投资计划月度数据，同时依据考核结果对省级采取必要的奖惩措施，并作为项目前期工作和投资计划安排建议的重要依据。在对月度数据进行审核和综合分析时，采用了数据质量控制立向维度中的对比分析、相关性分析等方法。2015年研究中央财政水利发展资金在计划考核中的比重和计算方法，对考核办法进行修订，进一步规范中央投资计划管理，为切实加快中央投资计划执行，提高中央投资计划执行绩效提供有力支撑。各地区依据该考核办法，编制本地区考核市县中央水利投资计划执行情况的相关规定。

定期进度考核每年两次，根据中央水利建设投资统计月报，对被考核单位的中央投资计划执行情况和地方配套投资计划执行情况进行评分，考核时点为每年6月30日、9月30日。一般每年7月15日、10月15日前完成定期进度考核。主要考核内容包括中央预算内投资计划执行情况和中央财政水利发展资金执行情况两大部分，分别按百分制计算。具体根据投资计划管理工作规律和执行进度考核要求赋予不同指标考核权重，中央投资和地方配套投资在资金下达、拨付和完成阶段执行率加权计算得分。

年度综合考核每年一次，根据中央水利建设投资统计月报，对被考核单位的中央投资计划执行情况和地方配套投资计划执行情况以及日常管理情况进行考核，考核时点为每年12月31日。次年1月15日前完成年度综合考核。考核主要包括中央预算内投资计划执行情况、中央财政水利发展资金执行情况和日常管理情况3部分，前两部分按80分计算，日常管理情况按20分。投资计划执行得分类似定期考核计算方法，不同指标赋分权重有差异；日常管理情况包括投资计划工作管理情况、工程资金使用管理情况、各专项工程日常管理情况、稽察及质量安全检查涉及日常管理情况等，各项具体分值赋予不同权重值，由相关司局和单位按照职责分工评分，合计为日常管理情况得分；最后测算年度综合考核总分。

考核结果分三个等级：总分 90 分及以上为优良；70 分及以上、90 分以下为合格；70 分以下为不合格。重大水利工程当年中央投资完成率在 90% 以下的地区，无论得分多少，考核结果均为不合格。水利部根据考核结果开展考核约谈和督导制度，对于存在问题较多、投资计划执行较慢、考核结果较差的被考核单位，水利部将约谈水行政主管部门负责人，必要时下发督办函；对于年度综合考核结果为优良的被考核单位，在全国范围通报表扬，安排投资计划时予以倾斜，在前期项目审查审批工作中予以优先安排等。

（七）编制印发《水利建设投资统计数据质量核查办法（试行）》（水规计〔2020〕301 号）

2020 年，研究提出了开展水利建设投资统计数据核查的内容方法、问题认定、责任追究等内容，持续强化水利统计数据质量管理。该办法的编制既是从纵向维度事前管理体系阶段的制度方面进行质量控制，也是事后质量评估的一种手段。依托该办法，2020 年 10 月首次开展水利建设投资统计数据质量核查工作，核查了山西、黑龙江、山东、江西、安徽、福建、四川、广西等 8 个省（自治区）16 个县，涉及 86 个项目；主要核查数据的完整性和准确性，涉及中央投资计划、地方投资计划、中央投资下达、地方投资下达、中央投资到位、地方投资到位、投资完成共 7 个指标。2021 年第二次开展水利建设投资统计数据质量核查工作，核查了天津、吉林、辽宁、江苏、浙江、广东、海南、云南等 8 个省（直辖市）19 个县。

（八）编制印发《水利部办公厅关于建立防范和惩治水利统计造假、弄虚作假责任制的通知》（办规计〔2019〕204 号）

2019 年，为贯彻落实党中央、国务院关于统计数据质量的要求，持续推进依法统计，坚决防范和惩治统计造假、弄虚作假，聚焦数据真实准确，实施严格的统计数据审核机制，建立了防范和惩治水利统计造假责任制，明确了防范和惩治水利统计造假的责任体系和各项要求。责任制是纵向维度事前管理体系阶段的制度方面的重要组成，是水利固定资产投资统计数据质量的重要保障。

责任制设定了五类责任人，各级水行政主管部门主要负责人、分管负责人分别负主要领导责任和直接领导责任；各级水行政主管部门所属具有统计职能和任务的内设机构和直属单位主要负责人、分管负责人，分别负第一责任和主体责任；水利统计工作人员负直接责任。规定各级水行政主管部门应明确本部门防范和惩治水利统计造假、弄虚作假责任人，并向上一级水行政主管部门报备，相关责任人发生变更时应及时报备；要加强监督检查，确保责任制得到贯彻落实。

（九）编著出版《水利统计制度与操作实务》（中国水利水电出版社，2017 年 11 月）

2017 年在梳理汇总水利统计工作相关内容的基础上，编写出版了《水利统计制度与操作实务》。全书共 19 章 76 节，主要包括统计理论、政策法规、统计实务、研究分析等内容，贴近工作实际，可读性强。将该书作为培训教材发给各流域、各省级水行政主管部门，其中湖南、广西、甘肃等地特意购买该书作为本地区培训的教材，从事前、事中阶段对各级水行政主管部门的基础数据采集、审核进行了指导规范。同时书中内容涵盖了横向维度中"六要素"对水利固定资产统计数据质量的控制，切实指导和帮助各省开展水利固定资产统计数据质量控制；"统计理论"中也提出了水利统计管理"四边形"模式。

"统计实务"主要介绍了水利部在国家统计局审批备案的统计调查项目的编制背景、历史沿革、主要调查内容以及水利统计管理信息的主要功能等。

（十）《水利统计重点指标会商制度》（发研投〔2016〕61 号）

2016 年，基于立项维度"偏差法"理论，研究提出水利统计重点指标会商制度，明确重点指标的会商流程与主要内容，通过调查、预测、经验验证等方法手段得到"预测差"来判断数据质量、追根溯源、发现问题，这也是"偏差法"首次在固定资产统计事中阶段数据审核分析的应用，对提升数据质量起到重要作用。

对于水利固定资产投资统计，水利建设投资完成、全口径地方水利建设投资落实等两项指标属于重点指标，每年年末对全年的预测要进行会商。通过对统计口径的梳理，采用对比法，分地区分资金来源进行对比分析，对各地上报数据进行审核确认，才能得到最终成果。

（十一）研究编写水利建设投资统计年报数据会审方案（内部文件）

研究编写并不断完善水利建设投资统计年报数据会审方案，基于立向维度—"偏差法"的重要指标和参考数值对比方式，以及统计全面性、完整性、准确性、合理性、及时性、一致性等横向维度因素控制的基本要求和方法，两种质量控制方式并行，聚焦数据真实准确，实施严格的统计数据审核机制，聚焦统计调查实施阶段的数据审核评估，增强专业审核力度，提高会审效率，出据一省一单，为地方提供会审模版参考。

会审方案每年在水利建设投资统计年报数据审核时用到，全国会审会前地方也采用该会审方案审核本区域数据。水利建设投资统计年报数据分为基础审核和汇总审核，主要审核项目基本概况、计划落实、完成及效益等情况；同时履行审核专家签字等质量控制程序。

（十二）研发中央水利建设投资统计直报系统并进行维护和升级改造

2011 年开发了水利建设项目管理及投资信息直报系统，2012

年正式启动，应用于中央水利建设投资月报数据的收集汇总，实现了中央水利建设投资统计月报项目统一平台，网上直报。2015—2016年进行升级改造，将单机与直报系统整合为"水利统计管理信息系统"（图8-2），将水利固定资产投资的月报与年报数据进行整合，很好地满足了中央水利建设投资计划执行月调度工作，为全国水利统计数据的采集、汇总、审核等工作提供了支撑平台，有效保障了报送数据质量，提高了工作效率。

图8-2 升级改造后的水利统计管理信息系统主界面

（十三）组织开展"水利统计质量年"活动

2014年开展主题为"提高统计数据质量，提升统计工作水平"的水利统计质量年活动，在全国掀起重视水利统计数据质量活动热潮，主要开展了统计数据质量巡查、年报数据审核、水利统计征文评选、水利统计知识竞赛等工作。巡查是从事后阶段对数据质量开展的检查与评估工作，是质量控制全过程的重要环节，此后不定期开展检查、调研，直至2020年正式协助业务主管司局开展水利建设投资统计数据质量检查工作，均调动了地方积极性，对进一步提高数据质量，规范和加强水利统计工作提供了支撑保障。

"水利统计质量年"活动是特定阶段采取的具体落实举措，掀起了一股热潮，提高了重视水利统计工作、加强统计数据质量的意识。

（十四）每年出版《全国水利发展统计公报》《中国水利统计年鉴》

每年出版《全国水利发展统计公报》《中国水利统计年鉴》，包含了新中国成立以来或指标设置以来全部历年数据，为编制重大水利规划、推动重大水利工程建设、跟踪督促各地水利建设进展、评估水利建设成效等提供了重要数据支撑，也为各级政府部门和社会各界提供了权威的水利统计数据。统计成果的公开出版，是纵向维度中事后质量控制阶段中成果产出与发布的应用和体现。

《全国水利发展统计公报》中对水利固定资产投资进行概括性的描述，主要包括总的规模及对总规模进行分构成、分流域、分地区、分工程类型描述；对新增固定资产的规模和项目个数进行描述，给出固定资产投资率的概念。《中国水利统计年鉴》则是《全国水利发展统计公报》的延伸与扩展，从投资计划、投资到位到投资完成，并从各方面详细解读"本年投资完成"分地区的各种情况，除了投资量外，还有投资工程量的数据、投资效益的数据，同时能够反映历年的序列数据。

三、工作展望

为更好地支撑推动新阶段水利高质量发展，未来一段时期，可从体制机制建设、平台环境改善、工作能力提升等多方面多层次入手，持续提升水利固定资产投资统计工作效率，提高统计数据质量。

（一）进一步强化水利固定资产投资统计体制机制建设

（1）水利固定资产投资统计规章制度更加健全。在《防范和惩治水利统计造假、弄虚作假责任制》框架下，进一步清晰界定水利

143

固定资产投资统计工作中有关数据采集和管理主体的责任，强化水利固定资产投资统计管理，明确建立水利建设投资统计核查检查实施考核制度等。

（2）水利固定资产投资统计管理体制相对独立。由于水利固定资产投资统计数据的重要性，及目前工作中存在地方政府干扰等困难，可考虑在未来整合水利部水利固定资产投资统计相关工作，建立相对独立和综合的水利固定资产投资统计技术支持和实施机构，专门负责水利固定资产投资统计数据采集、加工、管理、发布等工作，提高工作效力和质量的真实可靠性。

（3）水利固定资产投资统计数据质量控制更加严格。在《水利建设投资统计数据质量核查办法》（试行）基础上，进一步完善数据质量监控和评估制度，采取多种举措强化数据质量控制，如，可建立水利固定资产投资统计数据同行评议制度，每年抽取3～5个省份，在数据上报汇总后，由其他省份中抽取的3～5个省份对其开展同行评议，审核结果报水利部备案；再如，可建立水利固定资产投资统计数据质量第三方核查认证制度，由独立第三方如高校等科研机构、非政府组织（NGO）、独立专家等开展水利固定资产投资统计数据质量核查或认证，未经核查认证的数据不得纳入数据库。

（4）水利固定资产投资统计咨询指导更加规范。可成立水利固定资产投资统计指导委员会，围绕水利固定资产投资统计数据质量问题定期开展磋商；同时，还可成立水利固定资产投资统计顾问委员会，负责对水利固定资产投资统计工作发展规划、统计调查技术方案、统计数据质量控制等提供技术指导。

（5）水利固定资产投资统计数据公开更加规范。落实《中华人民共和国统计法》中有关信息公开的责任，强化统计信息公开的主体责任，对信息公开的内容、范围、方式和社会监督机制作出明确规定。开展水利固定资产投资统计信息公开试点工作，选择有条件的地区率先公开。

（二）持续改善水利固定资产投资统计平台环境

（1）借助水利信息化平台建设拓展水利固定资产投资统计数据

获取途径。借助水利部当前正在建设的水利信息化平台，充分利用平台中与水利固定资产投资统计相关的数据库，直接抓取相关指标数据，一方面，可提高水利部门内部数据一致性；另一方面，可大幅减少基层统计人员工作量，提升工作效率。

（2）应用新手段、新技术提升水利固定资产投资统计能效。强化"云存储"技术在水利固定资产投资统计数据管理和信息共享领域的应用，结合 GIS 技术建立可视化的水利固定资产投资统计数据管理和共享展示平台，研究大数据、云计算、区块链、物联网等技术在水利固定资产投资统计全流程中应用的可行性等。

（三）不断提升水利固定资产投资统计工作能力

（1）实现水利固定资产投资统计能力建设标准化。从机构和人员安排、办公场所、硬件配置、人员经费等方面，针对各级水利统计机构提出水利固定资产投资统计能力建设标准，并根据经济社会发展状况和水利固定资产投资统计工作需要，对相关标准进行定期更新，确保水利固定资产投资统计能力与工作任务相匹配。

（2）提高水利固定资产投资统计数据开发利用针对性。结合水利固定资产投资管理和公众信息需求，开发面向不同对象的统计信息服务产品，包括综合性水利固定资产投资统计数据手册、专题统计分析报告等，提升水利固定资产投资统计的综合服务能力。探索开展水利固定资产投资统计信息产品定制服务。

（3）创造水利固定资产投资统计数据价值。建立统计信息提供成本补偿制度，根据产品开发成本向服务购买方收取补偿费用，提高各级水利统计机构开展水利固定资产投资统计数据服务的积极性。

（4）完善水利固定资产投资统计从业人员管理。制定水利固定资产投资统计从业人员管理办法，明确水利固定资产投资统计岗位职责要求、奖惩机制等。从工资报酬、岗位轮换、级别升迁等多途径稳定水利固定资产投资统计队伍，提升统计人员的工作积极性。

水利建设投资统计调查制度

水利部办公厅文件

办规计〔2020〕171 号

水利部办公厅关于印发水利建设
投资统计调查制度的通知

部机关有关司局，部直属各单位，各省、自治区、直辖市水利（水务）厅（局），各计划单列市水利（水务）局，新疆生产建设兵团水利局：

根据工作需要，水利部对《水利建设投资统计调查制度》进行了修订，并经国家统计局备案（国统办函〔2020〕232 号），现印发给你们，请认真贯彻执行，并按时上报相关数据。执行过程中如遇到问题，请及时反馈。

（此页无正文）

水利建设投资统计
调查制度

中华人民共和国水利部制定
国家统计局备案
2020 年 7 月

本调查制度根据《中华人民共和国统计法》的有关规定制定

　　《中华人民共和国统计法》第七条规定：国家机关、企业事业单位和其他组织以及个体工商户和个人等统计调查对象，必须依照本法和国家有关规定，真实、准确、完整、及时地提供统计调查所需要的资料，不得提供不真实或不完整的统计资料，不得迟报、拒报统计资料。

　　《中华人民共和国统计法》第九条规定：统计机构和统计人员对在统计工作中知悉的国家秘密、商业秘密和个人信息，应当予以保密。

　　《中华人民共和国统计法》第二十五条规定：统计调查中获得的能够识别或者推断单个统计调查对象身份的资料，任何单位和个人不得对外提供、泄露，不得用于统计以外的目的。

目　录

一、总说明

（一）调查目的

为全面、系统了解全国水利建设投资的基本情况，及时跟踪投资计划下达、到位及完成情况，反映水利建设和发展成就，为各级水行政主管部门制定政策和进行宏观管理提供依据，根据《中华人民共和国水法》《中华人民共和国统计法》和《水利统计管理办法》等有关法律和制度规定，特制定本调查制度。

（二）调查对象和统计范围

本制度由两类报表组成：

水利建设投资统计年报要求报送中华人民共和国境内（台湾省、香港特别行政区、澳门特别行政区除外）当年在建的所有水利建设项目，包括水利工程设施、行业能力以及水利前期工作等项目。

中央水利建设投资统计月报要求报送中华人民共和国境内（台湾省、香港特别行政区、澳门特别行政区除外）纳入中央投资计划的水利建设项目。

（三）调查内容

本制度主要调查水利建设投资项目的基本情况、项目投资来源、投资计划下达、投资到位、投资完成、工程量及效益情况等内容。

（四）调查方法

本制度的调查方法为全面调查。

（五）调查频率及调查时间

本制度分为中央水利建设投资统计月报和水利建设投资统计年

报。各张报表的报送时间、报送方式、填报方法及有关注意事项按本制度中的说明和规定执行。

（六）组织实施

本制度的所有报表由项目法人单位或项目主管单位填报，由部直属有关单位、流域管理机构、地方各级水行政主管部门负责报送。部直属有关单位、流域管理机构、地方各级水行政主管部门应按照《水利统计管理办法》，明确具体负责部门，落实统计岗位和人员，结合业务管理，做好组织工作。

（七）报送要求

本制度能够满足各级水行政主管部门开展水利建设投资统计工作的需求，部直属有关单位、流域管理机构、地方水行政主管部门应认真贯彻落实，各有关单位和部门应积极配合实施，确保数据填报全面、准确、及时。中央水利建设投资统计月报表中凡有水利部掌握的中央政府投资的水利建设项目，以年度划分，按项目分别填报；对于面上项目以县级为统计单位分类型打捆报送。水利建设投资统计年报中凡当年在建的水利建设项目，均按要求进行填报；对于面上项目可以按计划下达文件中规定的打捆项目或以县级为统计单位打捆报送。

1. 填报人员应了解和熟悉本表所列指标的含义、口径和计算方法，了解统计数据来源和渠道，做好资料收集和填写工作等。填好后，填报单位应附一份填表说明，说明填报指标和存在问题。正式填报结束后，要按程序做好审核和签字盖章等工作。

2. 本表所列指标应如实填写，不得漏填或多填。

3. 数据中凡以"万元"为计量单位的指标，均保留 2 位小数；工程实物量指标土方、石方、砼保留 3 位小数，金属结构不保留小数。

4. 本表所列指标的计量单位均采用法定计量单位，要严格执行，不得修改。如当地习惯计量单位与本表不一致，必须按照本表规定的计量单位折算后进行填报。

5. 各地不得随意修改报表代码及上述有关要求，如有特殊情况必须调整的，须经水利部批准。

（八）质量控制

统计报送单位和填报单位应加强统计工作组织领导，制定工作方案，做好任务分解，明确统计工作分工和安排。一是明确统计负责部门，落实统计岗位和人员。相关统计负责人和统计人员应熟悉报表内容，理解相关统计指标的含义、口径和计算方法，了解统计数据来源和渠道；二是明确各有关业务管理部门在相关统计指标数据收集、审核中的责任，并根据相关指标统计要求，结合日常工作，做好基础资料积累和整理；三是组织业务技术力量，在统计成果正式上报前，集中做好统计汇总审核，形成汇总成果和统计报告，其中，水利建设投资统计年报应组织专家进行成果审查。报送单位和填报单位相关责任人，应切实建立并落实防范和惩治水利统计造假、弄虚作假责任制，按本制度要求对统计数据的真实性负责，接受上级单位的数据质量质询和检查。

（九）统计资料公布

本调查制度中主要数据会形成《中国水利统计年鉴》和《全国水利统计发展公报》，作为政府信息公开出版并公布。

（十）统计信息共享

统计信息共享内容包括年度汇总数据［内容见五、附录（二）］，依法依规与其他政府部门共享，时间为最终审定数据 15 个工作日后。责任单位为水利部规划计划司，责任人为水利部规划计划司分管统计工作的负责人。

（十一）使用单位名录库的情况

无。

二、报表目录

表号	表 名	报告期别	填报范围	报 送 单 位	报送日期及方式	页码
（一）中央水利建设投资统计月报						
月建400表	中央水利建设投资统计月报汇总表	月报	中央投资计划的水利建设项目	水利部直属有关单位，各流域管理机构，地方各级水行政主管部门	每月2日前，通过水利统计管理系统报送上月数据	4～5
月建401表	项目基本情况表	月报	同上	同上	同上	6
月建402表	项目投资进展情况表	月报	同上	同上	同上	7
（二）水利建设投资统计年报						
年建300表	水利建设投资统计年报汇总表	年报	当年在建的水利工程设施、行业能力以及水利前期工作等项目	水利部直属有关单位，各流域管理机构，地方各级水行政主管部门	次年2月28日前，通过水利统计管理系统填报	8
年建301表	项目概况表	年报	同上	同上	同上	9
年建302表	项目总体投资进度表	年报	同上	同上	同上	10
年建303表	项目分来源投资进度表	年报	同上	同上	同上	11
年建304表	项目形象进度表	年报	同上	同上	同上	12
年建305表	项目效益表	年报	同上	同上	同上	13

三、调查表式

中央水利建设投资统计月报汇总表

表　　号：月建 400 表
制定机关：水利部
备案机关：国家统计局
备案文号：国统办函〔2020〕232 号
有效期至：2025 年 7 月

各流域管理机构或各级水行政主管部门：　　202__年__月

项 目 类 型	中央投资计划下达（万元）		地方投资计划下达（万元）					已拨付中央和地方投资（万元）				
			地方投资计划	地方计划下达								
	中央投资计划	已下达中央投资	地方投资计划	已下达地方投资小计	已下达省级投资	已下达地县级投资	已下达其他投资	已拨付中央投资	已拨付地方投资小计	已拨付省级投资	已拨付地县级投资	已拨付其他投资
甲	1	2	3	4	5	6	7	8	9	10	11	12
合计												
一、中央预算内投资												
（一）重大水利工程												
1. 大中型灌区续建配套节水改造骨干工程												
2. 重大引调水工程												
3. 重点水源工程												
4. 江河湖泊治理骨干工程												
5. 新建大型灌区工程												
6. 其他												
（二）农村饮水安全巩固提升工程												
（三）其他水利工程												
（四）行业能力建设												
二、中央财政水利发展资金												

续表

项 目 类 型	中央投资计划下达（万元）		地方投资计划下达（万元）					已拨付中央和地方投资（万元）				
				地方计划下达								
	中央投资计划	已下达中央投资	地方投资计划	下达地方投资小计	已下达省级投资	已下达地县级投资	已下达其他投资	已拨付中央投资	已拨付地方投资小计	已拨付省级投资	已拨付地县级投资	已拨付其他投资
甲	1	2	3	4	5	6	7	8	9	10	11	12
（一）中型灌区节水改造												
（二）地下水超采区综合治理												
（三）中小河流治理及重点县综合整治												
（四）小型水库建设及除险加固												
（五）水土保持工程建设												
（六）病险淤地坝除险加固												
（七）河湖水系连通及农村水系综合整治												
（八）水资源节约与保护												
（九）山洪灾害防治												
（十）水利工程设施维修养护												
（十一）其他												

已完成投资（万元）		项目个数（个）			已完成初设或实施方案项目（个）
已完成中央投资	已完成地方投资	个数	已开工个数	已完工个数	
13	14	15	16	17	18

单位负责人：　　　　　统计负责人：　　　　　填表人：　　　　　报出日期：

说明：1. 1≥2≥8≥13；

2. 项目类型依据当年下达投资情况进行适当调整；

3. 本表中的已完成投资，一般按项目在月建 402 表中的"已完成投资［按合同（中标）价格计算填报］"进行汇总。但如项目在月建 402 表中选择了"已完成投资（按概算价格计算填报）"，则本表中的"已完成投资"以该项目的已完成投资（按概算价格计算填报）进行汇总

项 目 基 本 情 况 表

表　　号：月建 401 表

制定机关：水利部

备案机关：国家统计局

备案文号：国统办函〔2020〕232 号

有效期至：2025 年 7 月

项目法人单位或项目主管单位（盖章）　　202__年__月

1. 项目名称： 2. 项目单位负责人（法人代表）： 3. 单位负责人电话：	4. 统计负责人： 5. 统计负责人电话：
6. 项目建设地址：□□□□□	7. 项目类型：□□□□
8. 所属流域：□□ 　　10 松辽流域　　20 海河流域　　30 黄河流域　　40 淮河流域　　50 长江流域 　　60 珠江流域　　70 太湖流域　　81 东北沿海诸河及国际河流域 　　82 华南沿海诸河流域　　　　83 山东半岛沿海诸河流域 　　84 西南诸河流域　　　　　　85 西北诸河流域 　　89 东南诸河流域　　　　　　87 其他流域	
9. 资金来源：□□□□	10. 是否国家重大水利工程： □　1 是　2 否
11. 投资计划下达年度（分类将随时间适时增加）：□ 　　1 2019 年　2 2020 年　3 2021 年 　　4 2022 年　5 2023 年　6 2024 年	12. 项目初步设计或实施方案编审情况：□ 　　0 不需要　1 未完成　2 已完成

单位负责人：　　　统计负责人：　　　　　填表人：　　　　报出日期：

说明：1. 项目类型代码参见五、附录；

　　　2. 项目类型、建设地址、资金来源、是否国家重大水利工程、投资计划下达年度为必填内容；

　　　3. 资金来源：根据当年下达资金情况一般分为预算内投资和中央财政水利发展资金，具体分类在水利统计管理系统中列出，填报时可选择

项目投资进展情况表

表　　号：月建 402 表

制定机关：水利部

备案机关：国家统计局

备案文号：国统办函〔2020〕232 号

有效期至：2025 年 7 月

项目建设法人单位或项目主管单位（盖章）　　202 ＿年＿月

指　　标	计量单位	代码	数量
甲	乙	丙	1
1. 中央投资计划	万元	D01	
2. 地方投资计划	万元	D02	
3. 已下达中央投资	万元	D03	
4. 已下达地方投资	万元	D04	
其中：已下达省级投资	万元	D05	
已下达地县级投资	万元	D06	
已下达其他投资	万元	D07	
5. 已拨付中央投资	万元	D08	
6. 已拨付地方投资	万元	D09	
其中：已拨付省级投资	万元	D10	
已拨付地县级投资	万元	D11	
已拨付其他投资	万元	D12	
7. 已完成投资〔按合同（中标）价格计算填报〕	万元	D13	
其中：已完成中央投资	万元	D14	
已完成地方投资	万元	D15	
□ **是否选填"已完成投资（按概算价格计算填报）"** 注：对于中央或省级投资计划文件以工程概算投资为基数，分年下达中央和地方投资计划的项目，如果项目实际的合同（中标）投资与工程概算投资额变化较大，按"已完成投资（按合同（中标）价格计算填报）/以工程概算投资为基数下达的年度投资计划数"得出的投资计划完成率难以准确反映投资计划执行情况，可选填"已完成投资（按概算价格计算填报）"。指标详细解释见第（167）页。			
8. 已完成投资（按概算价格计算填报）	万元	D16	
其中：已完成中央投资	万元	D17	
已完成地方投资	万元	D18	

单位负责人：　　统计负责人：　　填表人：　　报出日期：

说明：本表逻辑审核关系：D01≥D03≥D08≥D14；D01≥D03≥D08≥D17；D04＝D05＋D06＋D07；D09＝D10＋D11＋D12；D13＝D14＋D15；D16＝D17＋D18

水利建设投资统计年报汇总表

表　　号：年建 300 表
制定机关：水利部
备案机关：国家统计局
备案文号：国统办函〔2020〕232 号
有效期至：2025 年 7 月

各流域管理机构/各级水行政主管部门（盖章）　　202　年

分　组　方　式	总体情况				本年投资进度（万元）					本年工程实物量		
	在建项目总投资（万元）	项目个数（个）	本年正式施工项目个数	本年新开工项目个数	计划投资	到位投资	完成投资	其中：中央政府完成投资	地方完成投资	完成土方（万方）	完成石方（万方）	完成砼（万方）
甲	1	2	3	4	5	6	7	8	9	10	11	12
合　计												
一、按项目类型分												
防洪工程												
水资源工程												
水土保持及生态治理工程												
农村水电及其他工程												
二、按行政区划分												
行政区划 1												
行政区划 2												
……												
行政区划 N												
三、按隶属关系分												
中央属												
省属												
地市属												
县属												
四、按建设规模												
大中型												
小型												
其他												

单位负责人：　　　统计负责人：　　　　填表人：　　　　报出日期：

项 目 概 况 表

表　　号：年建 301 表

制定机关：水利部

备案机关：国家统计局

项目法人或主管单位（盖章）　　　　　　备案文号：国统办函〔2020〕232 号

项目名称：＿＿＿＿＿＿＿＿＿＿　202＿年　有效期至：2025 年 7 月

1. 项目单位负责人：		设计单位：	
电话：		施工单位：	
传真：		监理单位：	
通讯地址：			
邮编：			

2. 建设项目地址	3. 所属流域分区		5. 隶属关系	6. 项目规模
＿＿＿＿省（区、市） ＿＿＿＿地区（市） ＿＿＿＿县（区、市） 行政区划代码 □□□□□□	10 松辽流域 20 海河流域 30 黄河流域 40 淮河流域 50 长江流域 60 珠江流域 70 太湖流域	81 东北沿海诸河及国际河流域 82 华南沿海诸河流域 83 山东半岛沿海诸河流域 84 西南诸河流域 85 西北诸河流域 89 东南诸河流域 87 其他流域	1 中央属 2 省（区、市）属 3 地区（市）属 4 县级及以下 9 其他 □	1 大中型 2 小型 9 其他 □
	4. 项目类型　□□□□ （项目分类代码参见第五部分附录）			

7. 建设性质	8. 建设阶段	9. 建设起止时间	11. 国家重大战略区	13. 所属集中连片特困地区
1 新建 2 扩建 3 改建和技术改造 4 单纯建造生活设施 5 迁建 6 恢复 7 单纯购置 8 前期工作 □	1 筹建 2 本年正式施工 3 本年收尾 4 全部停缓建 5 单纯购置 6 前期工作 □	（1）开工时间 □□□□年□□月 （2）全部建成投产时间 □□□□年□□月	1 黄河流域生态保护和高质量发展 2 京津冀协调发展 3 长江经济带发展 4 粤港澳大湾区建设 5 长三角一体化发展	1 燕山—太行山区 2 吕梁山区 3 大兴安岭南麓山区 4 大别山区 5 罗霄山区 6 秦巴山区 7 武陵山区 8 滇桂黔石漠化区 9 乌蒙山区 10 滇西边境山区 11 六盘山区 12 南疆三地州 13 四省涉藏州县 14 西藏自治区 15 以上都不是 □
		10. 是否国家重大水利工程 1 是 2 否 □	12. 项目所在县（市、区）属于 1 原国家扶贫开发重点县 2 原深度贫困县 3 原省级贫困县 4 以上都不是 □	

单位负责人：　　　　统计负责人：　　　　填表人：　　　　报出日期：

项目总体投资进度表

表　　号：年建 302 表

制定机关：水利部

备案机关：国家统计局

项目法人或主管单位（盖章）　　　　　备案文号：国统办函〔2020〕232 号

项目名称：_____　　202＿年　有效期至：2025 年 7 月

指　标　名　称	单位	代码	数量
甲	乙	丙	1
1. 项目计划总投资	万元	B01	
按资金来源分：	—	—	—
中央政府投资	万元	B02	
地方政府投资	万元	B03	
企业和私人投资	万元	B04	
利用外资	万元	B05	
国内贷款	万元	B06	
债券	万元	B07	
其他投资	万元	B08	
2. 自开工累计完成投资	万元	B09	
3. 本年完成投资	万元	B10	
按构成分：	—	—	—
建筑工程	万元	B11	
安装工程	万元	B12	
设备工器具购置	万元	B13	
其他费用	万元	B14	
其中：移民征地安置费	万元	B15	
按用途分：	—	—	—
防洪	万元	B16	
灌溉	万元	B17	
除涝	万元	B18	
供水	万元	B19	
发电	万元	B20	
水保及生态	万元	B21	
机构能力建设	万元	B22	
前期工作	万元	B23	
其他	万元	B24	
4. 自开工累计新增固定资产	万元	B25	
5. 本年新增固定资产	万元	B26	

单位负责人：　　　统计负责人：　　　填表人：　　　报出日期：

说明：B01＝B02＋B03＋B04＋…＋B08；B09≥B25；B10＝B11＋B12＋B13＋B14；
　　　B14≥B15；B10＝B16＋B17＋…＋B24；B25≥B26

项目分来源投资进度表

表　　号：年建 303 表
制定机关：水利部
备案机关：国家统计局

项目法人或主管单位（盖章）　　　　备案文号：国统办函〔2020〕232 号

项目名称：_____　　202 __ 年　有效期至：2025 年 7 月

指　标　名　称	单位	代码	累计安排投资	本年计划投资	累计到位投资	本年到位投资	累计完成投资	本年完成投资
甲	乙	丙	1	2	3	4	5	6
合计	万元	C01						
一、中央政府投资	万元	C02						
其中：1. 中央预算内投资	万元	C03						
2. 中央财政资金	万元	C04						
3. 重大水利工程建设基金	万元	C05						
4. 特别国债	万元	C06						
5. 其他	万元	C07						
二、地方政府投资	万元	C08						
其中：1. 省级政府投资	万元	C09						
其中：财政性资金	万元	C10						
一般债券	万元	C11						
专项债券	万元	C12						
水利建设基金	万元	C13						
重大水利工程建设基金	万元	C14						
2. 地市级政府投资	万元	C15						
其中：财政性资金	万元	C16						
一般债券	万元	C17						
专项债券	万元	C18						
水利建设基金	万元	C19						
重大水利工程建设基金	万元	C20						
3. 县级政府投资	万元	C21						
其中：财政性资金	万元	C22						
一般债券	万元	C23						
专项债券	万元	C24						
水利建设基金	万元	C25						
重大水利工程建设基金	万元	C26						
三、利用外资	万元	C27						
四、企业和私人投资	万元	C28						
五、国内贷款	万元	C29						
六、债券	万元	C30						
七、其他投资	万元	C31						

单位负责人：　　　　统计负责人：　　　　　　填表人：　　　　报出日期：

说明：

1. C01＝C02＋C08＋C27＋C28＋C29＋C30＋C31；C02＝C03＋C04＋C05＋C06＋C07；
   C08＝C09＋C15＋C21；C09＝C10＋C11＋C12＋C13＋C14；C15＝C16＋C17＋
   C18＋C19＋C20；C21＝C22＋C23＋C24＋C25＋C26；

2. 累计安排投资≥本年计划投资；累计到位投资≥本年到位投资；累计完成投资≥本年
   完成投资

项目形象进度表

表　　号：年建 304 表
制定机关：水利部
备案机关：国家统计局
备案文号：国统办函〔2020〕232 号
有效期至：2025 年 7 月

项目法人或主管单位（盖章）

项目名称：＿＿＿＿＿＿＿＿＿＿　　202＿＿年

指　标　名　称	单位	代码	全部计划	本年计划	累计完成	本年完成
甲	乙	丙	1	2	3	4
一、实物工程量：土方	万立方米	E01				
石方	万立方米	E02				
砼	万立方米	E03				
金属结构	吨	E04				
二、移民安置人数	人	E05				

单位负责人：　　　　统计负责人：　　　　填表人：　　　　报出日期：

说明：全部计划≥本年计划；累计完成≥本年完成

项　目　效　益　表

表　　号：年建 305 表
制定机关：水利部
备案机关：国家统计局
备案文号：国统办函〔2020〕232 号
有效期至：2025 年 7 月

项目法人或主管单位（盖章）

项目名称：＿＿＿＿＿＿＿＿＿＿　　202＿＿年

生产能力（或效益）名称	计量单位	代码	建设规模	本年施工规模	本年新开工	累计新增生产能力（或效益）	本年新增
甲	乙	丙	1	2	3	4	5
水库总库容	亿立方米	F01					
耕地灌溉面积	万亩	F02					
除涝面积	万亩	F03					
发电装机容量	千千瓦	F04					
排灌装机容量	千千瓦	F05					
供水能力	万吨/日	F06					
改善灌溉面积	万亩	F07					
改善除涝面积	万亩	F08					
新建及加固堤防长度	公里	F09					
水保治理面积	万亩	F10					
当年巩固提升饮水安全人口	万人	F11					
其中：建档立卡贫困人口	万人	F12					
节水灌溉面积	万亩	F13					
渠道防渗长度	公里	F14					
河道整治长度	公里	F15					
改善或恢复库容	万立方米	F16					

单位负责人：　　　　统计负责人：　　　　填表人：　　　　报出日期：

说明：本年施工规模≥本年新开工；累计新增生产能力（或效益）≥本年新增能力（或效益）

四、主要指标解释

1. 月建 401 表（项目基本情况表）：

【项目名称】按照项目批复的初步设计或实施方案名称规范填写，不能填写简称。

【项目单位负责人（法人代表）】指依照法律或者法人组织章程规定，代表法人行使职权的负责人。

【统计负责人】指县（区）级负责统计工作的分管领导。

【项目建设地址】根据项目工程施工地所在县（区）填写（在系统中选取相应的行政区划代码）。

【项目类型】指水利建设投资项目按照项目的建设内容和目标所进行的分类。填写选项对应代码，具体分类见第五部分"附录"。

【所属流域】根据国家流域划分标准，填写项目所在的流域。

【资金来源】按照当年中央投资计划下达的来源分类填写。依据实际情况，不同年度做相应调整。

【是否国家重大水利工程】是指项目是否列入国家重大水利工程项目清单。

【投资计划下达年度】按中央投资计划下达年度选择选项。

【项目初步设计或实施方案编审情况】根据项目实际情况选填：0、不需要；1、未完成；2、已完成。如该项目是跨年度项目，第二年继续下达投资计划，则填报"不需要"。

2. 月建 402 表（项目投资进展情况表）：

【中央投资计划】中央计划文件所明确的该项目中央投资，根据当年下达的中央计划文件填报。

【地方投资计划】中央预算内投资应根据当年下达的中央计划文件所明确的该项目的地方投资填报；中央水利发展资金应根据当年下达的省级或市县级计划文件所明确的该项目地方投资填报。本报表制度中，计划单列市政府投资按地市级政府投资填报。

【已下达中央投资】是指报告期内中央下达到县级水行政主管

部门的中央投资。县级水行政主管部门收到省级或市级转下达中央投资的计划文件，即视为已下达。

【已下达地方投资】是指报告期内省级或市县级下达到县级水行政主管部门的地方投资。县级水行政主管部门收到省级或市县级下达地方投资的计划文件，即视为已下达。其中，已下达其他投资是指该项目除中央和地方政府投资以外的其他投资，主要包括银行贷款、债券等，收到中央或省市县计划下达文件即视为下达。

【已拨付中央投资】【已拨付地方投资】报告期内项目法人或县级水行政主管部门收到财政部门拨付的中央投资、地方投资，以财政部门的资金拨付文件为准。已拨付中央投资、已拨付省级投资、已拨付地县级投资均指政府投资；已拨付其他投资指社会资本、银行贷款等其他渠道投资的拨付情况，应以出资人拨付资金、贷款银行出具的贷款确认书等相关证明文件为依据。

【已完成投资［按合同（中标）价格计算填报］】指当年中央投资计划下达后，项目开工至报告期末完成的全部投资额，应以项目实际的合同价格或中标价格为依据计算填报。主要包括建筑工程投资、安装工程投资、工器具设备购置和其他费用。

填报原则：①完成投资应依据凭证规范填报，按照凭证取得时点作为计量时点。以工程结算单或进度单为依据的，按照三方签章中最后一方签章时间为计量时点；以会计科目为计量依据的，按照入账时间为计量时点；以支付凭证为依据的，按照开票日期为计量时点。**②按会计科目或支付凭证为依据报送的项目，竣工投产后，项目质保金和尾款可一次性纳入。**

（1）**建筑工程：**指各种房屋、建筑物的建造工程。这部分投资必须开工动土，通过施工活动才能实现，是固定资产投资额的重要组成部分。例如：水库、堤坝、灌溉以及河道整治等工程；各种房屋等土建工程；设备基础等建筑工程、砌筑工程及金属结构工程；为施工而进行的建筑场地的布置、工程地质勘探，原有建筑物和障碍物的拆除，平整场地、施工临时用水、电、汽、道路工程，以及完工后建筑场地的清理、环境绿化美化工作等。

（2）安装工程：指各种设备、装置的安装工程，不包括被安装设备本身价值。安装工程包括：

①生产、动力、起重、运输、传动和实验等各种需要安装设备的装配和安装，与设备相连的工作台、梯子、栏杆等装设工程，附属于被安装设备的管线敷设工程，被安装设备的绝缘、防腐保温、油漆等工作。

②为测定安装工程质量，对单个设备、系统设备进行单机试运、系统联动无负荷试运工作。

建筑安装工程已完成投资按合同价格计算，实行招标的工程，按中标价格计算。凡经建设单位与施工单位双方协商同意的工程价差、量差，且经建设单位同意拨款的，应视同修改合同价格。建筑安装工程应按修改后的合同价格计算投资完成额。

建筑工程及安装工程的填报依据为：①工程三方（建设方、施工方、监理方）签字盖章的工程结算单或进度单；②会计科目或相关支付凭证。

（3）设备工器具购置：指报告期内购置或自制的，达到固定资产标准的设备、工具、器具的价值。

①设备：指各种生产设备、传导设备、动力设备、运输设备等。分为需要安装的设备和不需要安装的设备两种。

②工具、器具：指具有独立用途的各种生产用具、工作工具和仪器。

以融资租赁方式购置的设备，租金支出应纳入固定资产投资，由承租人填报，出租人不得填报。以经营租赁方式购置的设备，租金支出不应纳入固定资产投资统计。

外购设备、工具、器具除设备本身的价格外，还应包括运杂费、仓库保管费、购买支持设备运行的软件系统的费用等，但不包括软件系统的后续技术服务费。自制的设备、工具、器具，按实际发生的全部支出计算。利用国外资金或国家自有外汇购置的国外设备、工具、器具、材料以及支付的各种费用，按实际结算价格折合人民币计算。

设备工器具购置已完成投资依据会计科目或相关支付凭证填报。

（4）**其他费用**　指在固定资产建造和购置过程中发生的，除建筑安装工程和设备、工器具购置投资完成额以外的应当分摊计入固定资产投资项目的费用，不等同于经营中财务上的其他费用。其他费用已完成投资一般按财务部门实际支付的金额计算，依据与项目相关的待摊支出、土地使用权（建设用地费）等会计科目或支付凭证填报，投工投劳折资以相关文件证明出工数量、每工日报酬及农民签字或手印的证明文件为依据进行填报。

①**项目前期费用**　建设项目前期工作是指在建设项目开工之前，项目业主单位围绕需行政主管部门审批的相关行政许可事项，而有针对性地开展有关工作，包括委托编制前期工作文件、申请召开专家认证会、提交申请材料、对接行政主管部门等。行政许可事项包括取得项目选址、用地预审、环评、水土保持、占用林地、安评、立项、用地报批等批复核准文件。项目前期费用一般依据会计科目或支付凭证填报。

②**国内贷款利息**　是指项目建设期产生的贷款利息，按报告期实际支付的利息计算投资完成额。项目建成投产后发生的利息不应纳入固定资产投资统计。

③**移民征地安置费用**　指征地及移民安置等费用，按财务部门实际支付为准，已支付地方或转到移民专用账户的资金视为已完成投资。征地移民方面工作，无论是由当地政府部门或第三方单位组织实施，还是由项目法人自己组织实施，一律按项目法人实际拨出或支付的资金统计投资完成额。

其他费用的分摊问题：若多个项目统一征地拆迁，土地费用按照项目实际用地面积占比分摊；若一笔贷款用于多个项目建设，且无法区分每个项目实际使用贷款数额，则利息支出按项目工程进度占比分摊。

【**已完成投资（按概算价格计算填报）**】本指标为**选填项**。目前，一些水利项目，中央或省级投资计划文件以工程概算投资为基数，分年下达中央和地方投资计划，并依据年度中央和地方投资计划考核地区或项目的年度投资计划执行进度。其中的部分项目，由于招标等原因，实际合同（中标）投资与概算投资额变化较大，按"已完成投资［按合同（中标）价格计算填报］/以工程概算投资为基数下达的年度投资计划数"得出的投资计划完成率，难以准确反映投资计划执行情况。在这种情况下，项目单位可选择按工程概算价格计算填报项目已完成投资，用于在月建 400 表中反映地区或项目的投资计划执行进度：已完成投资（按概算价格计算填报）＝工程实物量×工程概算价格。工程结算单或进度单等实物量填报依据与表 1 相同。

表 1　已完成投资［按合同（中标）价格计算］填报依据表

指标名称	填报依据	注意事项及报送要求
（1）建筑工程、安装工程	①工程结算单或进度单（建设方、施工方、监理方签字盖章）②会计科目或相关支付凭证	①填报单位可在两种依据中择一计算填报建筑安装工程投资，并在整个项目期间保持一致。②项目开工后报送建筑安装工程投资；依据会计科目或相关支付凭证报送的项目，竣工投产后，质保金和尾款可一次性计入。③工程结算单或进度单标准格式：三方签字盖章的当月工程结算单或进度单，包括三方盖章、投资完成量的具体数值；工程进度单后应附工程计价明细表。④依据会计科目的，在财务软件导出的明细账中标出所取数据，并明确数据汇总加减过程盖章确认。提供支付凭证的，应将凭证分类汇总
（2）设备工器具购置	会计科目或相关支付凭证	①质保金和尾款可一次性计入。②提供相关会计科目明细账的，应明确数据加总过程，加盖公章。③支付凭证可为设备购置发票或银行支付票据。④项目完工时，设备应到位或安装完毕

指标名称	填报依据	注意事项及报送要求
（3）其他费用	会计科目或相关支付凭证	①提供相关科目余额表，把其他费用填报的各个数据标注，并把计算过程写出，盖章确认。②提供支付凭证的，应将凭证分类汇总
其中：征地移民安置费用	相关支付凭证	①征地移民费用从项目法人单位账户支出视为投资完成

3. 年建 301 表（项目概况表）：

【建设项目】指按照总体设计进行施工，由一个或若干个具有内在联系的工程组成的总体。基本建设项目指经批准在一个总体设计或初步设计范围内进行建设，经济上统一核算，行政上有独立组织形式，实行统一管理的基本建设单位。

【所属流域】根据国家流域划分标准，填写项目所在的流域。

【项目类型】指水利建设投资项目按照项目的建设内容和目标所进行的分类。填写选项对应代码，具体分类见第五部分"附录"。

【隶属关系】隶属关系分为中央、省（自治区、直辖市）、地区（州、盟、省辖市）、县（旗、县级市）及以下和其他五大类，按建设单位直属或主管上级机关确定。

（1）中央属：是指由中共中央、人大常委会和国务院各部、委、局、总公司以及直属机构直接领导和管理的基本建设项目和企业、事业、行政单位。这些单位的固定资产投资计划由国务院各部门直接编制和下达，建设中所需要的统配物资和主要设备以及建设中的问题都由中央有关部门安排和解决。

（2）省（区、市）属：是指由省（自治区、直辖市）政府及业务主管部门直接领导和管理的基本建设项目和企业、事业、行政单位。

（3）地区（市）属：是指由地区、自治州、盟、省辖市直接领导和管理的基本建设项目和企业、事业、行政单位。

（4）县级及以下：是指由县（旗、县级市）、乡镇、街道直接领导和管理的项目。

（5）**其他**：是指由无主管部门的单位、本省（自治区直辖市）在外办事机构所开第三产业等单位。

【**项目规模**】水利建设项目按规模分为大型、中型、小型项目和其他。大中型工程的划分标准见表 2，主要依据《水利水电工程等级划分及洪水标准》（SL 252—2017），分为大（1）型、大（2）型、中型、小（1）型和小（2）型 5 级工程；其他是指水利建设项目前期工作等不产生固定资产的项目。

水利水电工程具体划分标准如下：

表 2　　　　　　　　　　水利水电工程分等指标

工程等别	工程规模	水库总库容 (10^8 m³)	防洪			治涝	灌溉	供水		发电
			保护人口 (10^4 人)	保护农田面积 (10^4 亩)	保护区当量经济规模 (10^4 人)	治涝面积 (10^4 亩)	灌溉面积 (10^4 亩)	供水对象重要性	年引水量 (10^8 m³)	发电装机容量 (MW)
I	大（1）型	≥10	≥150	≥500	≥300	≥200	≥150	特别重要	≥10	≥1200
II	大（2）型	<10, ≥1.0	<150, ≥50	<500, ≥100	<300, ≥100	<200, ≥60	<150, ≥50	重要	<10, ≥3	120～30
III	中型	<1.0, ≥0.1	<50, ≥20	<100, ≥30	<100, ≥40	<60, ≥15	<50, ≥5	比较重要	<3, ≥1	30～5
IV	小（1）型	<0.1, ≥0.01	<20, ≥5	<30, ≥5	<40, ≥10	<15, ≥3	<5, ≥0.5	一般	<1, ≥0.3	5～1
V	小（2）型	<0.01, ≥0.001	<5	<5	<10	<3	<0.5		<0.3	<1

【**建设性质**】指固定资产再生产的性质，根据整个建设项目的具体情况确定，一个建设项目只能有一种建设性质。

（1）**新建**：一般是指从无到有"平地起家"开始建设的项目。

（2）**扩建**：是为扩大原有产品的生产能力（或效益）或增加新的产品生产能力而增建的项目。行政、事业单位在原单位增建业务用房也作为扩建。

（3）**改建和技术改造**：是指对原有设施进行技术改造或更新的

建设项目。改建是为适应市场变化的需要而改变主要产品种类；技术改造是指填报单位在现有基础上用先进的技术代替落后的技术，用先进的工艺和装备代替落后的工艺和装备，以改变企业落后的技术经济面貌，实现以内涵为主的扩大再生产，达到提高产品质量、促进产品更新换代、节约能源、降低消耗、扩大生产规模、全面提高社会效益的目的。

灌区续建配套与节水改造、水库（闸）除险加固等一般列入改建性质，在立项审批文件中列有新增生产能力或效益时，应列入扩建性质。

（4）单纯建造生活设施：是指在不扩建、改建生产性工程和业务用房的情况下，单纯建造生活设施的项目。

（5）迁建：是指为改变生产能力布局或由于城市环境保护和安全生产的需要等原因而搬迁另地建设的工程。在搬迁另地的建设过程中，不论是维持原来规模还是扩大规模都按迁建来统计。

（6）恢复：是指由于自然灾害、战争等原因，原有的固定资产全部或部分报废，以后又投资恢复建设的项目。不论是按原规模恢复还是在恢复的同时进行扩建的都按恢复项目统计。尚未建成投产的建设项目，因自然灾害损毁重建，不作为恢复项目，仍按原有建设性质填报。

（7）单纯购置：是指单纯购置不需要安装的设备、工具、器具，而不进行工程建设的项目。有些填报单位当年虽然只从事一些购置活动，但其设计中规定有建筑安装活动，应根据设计文件的内容来确定建设性质，不得作为单纯购置统计。

（8）前期工作：是指水利规划、工程项目前期、专题研究和基础性工作（含业务建设）。

【建设阶段】指报告期末建设项目所处的建设阶段。根据建设阶段不同，可将项目分为：

（1）筹建项目：指正在进行前期工作尚未正式施工的项目。按照国家有关规定，规模较大的建设项目，在正式开工以前，经批准可以设立专门的筹建机构，为建设做准备工作。包括研究和论证建设方案、组织审核设计文件和预算，订购设备、材料，办理征地拆迁和平整场地等。筹建项目已发生的投资额，应计算投资完成额，但不计算施工项目个数。

（2）**本年正式施工项目**：是指本年正式开展过建筑或安装施工活动，但在报告期末尚未建成投产，处于建设阶段的项目。包括本期施工项目，如：本年新开工项目，本年续建项目，本年进行过施工、又在本年内全部建成投产或全部停、缓建的项目；也包括以前年度施过工结转到本期尚未建成的建设项目，如：以前年度全部停、缓建在本年恢复施工的项目。不包括以前年度建成投产在本年进行收尾的项目，以及以前年度全部停、缓建在本年进行工程维护的项目。

（3）**本年收尾项目**：是指以前年度已经全部建成投入生产或交付使用，但有遗留工程尚未竣工，在本年内进行收尾工程的项目。如果以前年度没有报过全部建成投产，而在报告期继续施工，不论其遗留工作量大小，都按正式施工项目统计。

（4）**停缓建项目**：是指在报告期内经批准并已收到全部停缓建通知的项目。

（5）**单纯购置**：是指项目只用于购买设备等。

（6）**前期工作**：是指水利规划、工程项目前期、专题研究和基础性工作（含业务建设）四类项目。

【建设起止时间】指水利建设项目正式开工和投入生产或交付使用的时间。

（1）**开工时间**：填写水利建设项目正式开工的时间。代码6位，前4位为年份，后2位为月份，在填写1—9月份编码时，十位上应补"0"。按建设项目设计文件中规定的永久性工程第一次开始施工的年月填写。如果没有设计文件，就以计划方案规定的永久性工程实际开始施工的年月为准。建设项目永久性工程的开工时间，一般是指永久性工程正式破土开槽开始施工的时间，作为建筑物组成部分的正式打桩也算为开工。在此以前的准备工作，如工程地质勘察、平整场地、旧有建筑物的拆除、临时建筑、施工用临时道路、水、电等工程都不算正式开工。以前年度全国停缓建在本年复工的项目，仍按设计文件中规定的永久性工程第一次正式开的年月填报，不按复工的时间填报开工年报。

如建设性质为"前期工作"，则建设阶段也应为"前期工作"，无需填写开工时间；如建设阶段为"筹建"和"单纯购置"，也无需填写开工时间。

（2）**全部建成投产时间**：是指报告期内按设计文件规定建成主体工程和相应配套的辅助设施，形成生产能力或工程效益，已正式投入生产或交付使用的时间。

【**是否国家重大水利工程**】是指项目是否列入国家重大水利工程项目清单。

【**国家重大战略区**】参照国家有关规定。

【**项目所在县（市、区）属于**】参照国家和省级人民政府公布的国家扶贫开发重点县、深度贫困县、省级贫困县等名单进行填报。

【**所属集中连片特困地区**】参照国家公布的集中连片特困地区名单填报。

4. 年建 302 表（项目总体投资进度表）：

【**项目计划总投资**】指建设项目或企业、事业单位中的建设工程，按照总体设计规定的内容全部建成计划需要（或按设计概算或预算）的总投资。一般应采用上级批准的计划总投资，在计划总投资有调整，并经上级批准后，应填报列批准后的调整数字；无上级批准时，采用上报的计划总投资；前两者都没有的，填报年内施工工程计划总投资。

按投资来源划分为中央政府投资、地方政府投资、利用外资、企业和私人投资、国内贷款、债券和其他投资。

（1）**中央政府投资**：是指中央政府对项目建设进行的投资，主要包括中央预算内投资、中央财政资金、重大水利工程建设基金、特别国债等。

（2）**地方政府投资**：是指地方政府（省、地市、县政府）对项目建设进行的投资。主要包括地方财政性资金、地方政府一般债券、地方政府专项债券、特别国债、水利建设基金、重大水利工程建设基金等。

(3) **企业和私人投资**：指企业、私人以自己名义投入的各类资金。

(4) **利用外资**：指报告期内收到的境外（包括外国及港澳台地区）资金（包括设备、材料、技术在内）。包括对外借款（外国政府贷款、国际金融组织贷款、出口信贷、外国银行商业贷款、对外发行债券和股票）、外商直接投资、外商其他投资（包括补偿贸易、加工装配由外商提供的设备价款、国际租赁和外商投资收益的再投资资金）。不包括我国自有外汇资金（国家外汇、地方外汇、留成外汇、调剂外汇和中国境内银行自有资金发放的外汇货款等）。各类外资按报告期的外汇牌价（中间价）折成人民币计算。

(5) **国内贷款**：指报告期内固定资产投资项目单位向银行及非银行金融机构借入用于固定资产投资的各种国内借款，包括银行利用自有资金及吸收存款发放的贷款、上级拨入的国内贷款、国家专项贷款、地方财政专项资金安排的贷款、国内储备贷款、周转贷款等。

(6) **债券**：指企业或金融机构为筹集用于固定资产投资的资金向投资者出具的承诺按一定发行条件还本付息的债务凭证，主要包括企业债券，是工商企业依照法定程序发行的债券。公司债券的发行主体可以是股份公司也可以是非股份公司，可以是上市公司也可以是非上市公司，包括依据《企业债券管理条例》发行的企业债券、依据《公司法》发行的上市公司债券、依据中国人民银行规章发行的中期票据等。

(7) **其他投资**：指在报告期内收到的除以上各种资金之外的用于水利建设的资金。包括社会集资、无偿捐赠的资金及其他单位拨入的资金等。

【自开工累计完成投资】指项目从开始建设至报告期末累计完成的全部投资额，应以项目实际的合同价格或中标价格为依据计算填报。计算范围原则上应与"项目计划总投资"包括的工程内容相一致。报告期以前已建成投产或停、缓建工程完成的投资以及拆除、报废工程的投资，仍应包括在内。

【本年完成投资】指当年完成的全部投资额，应以项目实际的合同价格或中标价格为依据计算填报。本年完成投资需按构成分为建筑工程投资、安装工程投资、工器具设备购置和其他费用。

【自开工累计完成投资】【本年完成投资】的填报原则、填报依据与"月建 402 表（项目投资进展情况表）"中的"已完成投资［按合同（中标）价格计算填报］"相同。

本年完成投资按用途分：①防洪工程投资：是指用于防洪工程建设所完成的投资。包括以防洪工程为主的水库、堤防加固、河道治理、蓄滞洪区建设等工程性建设投资和防汛调度、防洪保险、预警系统等非工程设施投资；②灌溉工程投资：是指用于灌溉工程建设所完成的投资。包括以灌溉工程为主的水库、灌区、引水枢纽、渠道、土地平整等工程投资；③除涝工程投资：是指用于除涝工程建设所完成的投资。包括排水渠道、排水闸等工程投资；④供水工程投资：是指用于城镇、农村、工业供水工程建设所完成的投资。包括以供水为主的水库工程投资，不包括用于农业灌溉的引水工程投资；⑤发电工程投资：是指用于水电工程建设所完成的投资。包括水电站工程的主体工程、临时工程、征地移民、电网建设投资。也包括综合利用水利枢纽工程中的电站厂房、电站设备、电站安装工程投资等；⑥水土保持及生态工程投资：是指用于水土保持工程建设所完成的投资。包括大江大河中上游水土保持、重点治理区及小流域治理投资等；⑦机构能力建设：是指用于机构能力建设所完成的投资。包括房屋建设和科研设备购置等；⑧项目前期工作：是指用于工程勘察设计，项目建议书、可行性研究报告、初步设计报告编制，项目审批前置要件办理等前期工作所完成的投资。⑨其他：是指除上述用途之外的其他工程建设所完成的投资。包括水利企事业单位用于发展旅游、水产等的设施投资。

综合利用水库工程一般同时发挥多项效益，根据该工程规划立项时的投资分摊比例计算其分别列入防洪、灌溉、水电、供水内的投资完成额。

【自开工累计新增固定资产】是指建设项目在"自开始建设至报告期末累计完成投资"中已交付使用的固定资产价值，包括已经建成投产或交付使用的工程投资和达到固定资产标准的设备、工具、器具的投资，以及应摊入固定资产的费用。属于增加固定资产价值的其他建设费用，应随同交付使用的工程一并计入新增固定资产投资。投资包干节余和国内贷款利息也应计入新增固定资产价值中。它是自开始建设累计完成投资中开始发挥效益的部分，是反映整个建设项目的建设进度和建设成果的指标。

【本年新增固定资产】指在报告期内已经完成建造和购置过程，并已交付生产或使用单位的固定资产的价值，包括已经建成投入生产或交付使用的工程投资和达到固定资产标准的设备、工具、器具的投资及有关应摊入的费用。属于增加固定资产价值的其他建设费用，应随同交付使用的工程一并计入新增固定资产。

固定资产投资是指建造和购置固定资产的经济活动，固定资产投资额是以货币表现的建造和购置固定资产活动的工作量，它是反映固定资产投资规模、速度、比例关系和使用方向的综合性指标。不属于固定资产的包括，①流动资产；②消耗品，如办公耗材（低值易耗品）等；③投资品，如股票（或股权）、期货、金融衍生产品等；④消耗性生物资产，⑤发放给农户的货币补贴，如美丽乡村、新农村建设等项目中的补贴。

相关支出在会计上作为成本费用处理的建设活动不增加新的固定资产。一般包括大修理、养护、维护性质的工程，如设备维修、建筑物翻修和加固、单纯装饰装修、农田水利工程（堤防、水库）维修、铁路大修、道路日常养护、景观维护等。这类建设活动未替换原有的固定资产，也没有增加新的固定资产。

5. 年建 303 表（项目分来源投资进度表）

【中央政府投资】主要划分为中央预算内投资、中央财政资金、重大水利工程建设基金、特别国债等。

176

（1）**中央预算内投资**：指财政预算内经营性或非经营性基金，一般指发展改革部门下达的投资计划。

（2）**中央财政资金**：指中央财政安排的用于水利的专项资金、水利发展资金等。

（3）**重大水利工程建设基金**：指国家为南水北调工程建设、解决三峡工程后续问题以及加强中西部地区重大水利工程而设立的政府性基金，分为中央政府重大水利工程建设基金和地方政府重大水利工程建设基金。

（4）**特别国债**：是国债的一种，专款专用。各地收到财政部定向发行的用于水利建设的特别国债。

（5）**其他**：指除上述来源以外的中央政府投资。

【**地方政府投资**】主要划分为地方财政性资金、地方政府一般债券、地方政府专项债券、特别国债、水利建设基金、重大水利工程建设基金等。

（1）**地方财政性资金**：是指以地方财政为中心的预算资金、国债资金及其他财政性资金。

（2）**地方政府一般债券和专项债券**：根据《国务院关于加强地方政府性债务管理的意见》（国发〔2014〕43号）的规定，地方政府债券包括一般债券和专项债券两类：一般债券用于没有收益的公益性事业，主要以一般公共预算收入偿还；专项债券用于有一定收益的公益性事业，主要以融资项目对应的政府性基金或专项收入偿还。

（3）**水利建设基金**：是专项用于水利建设的政府性基金。由中央水利建设基金和地方水利建设基金组成。中央水利建设基金主要用于关系国民经济和社会发展全局的大江大河重点工程的维护和建设。地方水利建设基金主要用于城市防洪及中小河流、湖泊的治理、维护和建设。

【**利用外资**】【**企业和私人投资**】【**国内贷款**】【**债券**】【**其他投资**】与"年建302表"（项目总体投资进度表）中的定义和填报方法相同。

【累计安排投资】指自项目开工以来至报告期末经有关机关、单位批准或同意安排的计划投资额。

【本年计划投资】指经有关机关、单位批准或同意安排的当年计划投资额。

【累计到位投资】指建设单位自项目开工以来累计收到的用于项目建设的各种来源投资。对于实行国库集中支付的投资，只要建设单位收到国家投资计划，即视为投资到位；对于银行贷款，只要收到投资银行批准的贷款指标，就算投资到位；企业自有、企业债券按报告期实际收到的资金数量进行统计；由国外银行直接支付的外资，已经承诺支付、按工程进度或采购设备计算投资后即按到位统计；无偿拨入的设备，应在收到设备时进行统计。

【本年到位投资】指建设单位当年收到的用于项目建设的各种来源投资。

【累计完成投资】与"年建302表（项目总体投资进度表）"中的"【自开工累计完成投资】"定义和填报方法相同。

【本年完成投资】与"年建302表（项目总体投资进度表）"中的"【本年完成投资】"定义和填报方法相同。

6. 年建304表（项目形象进度表）

【实物工程量】实物工程量是以自然物理计量单位表示的水利工程建设完成的各种工程数量，是计算工作量的依据，是反映水利基本建设成果、考核工程进度的重要指标之一。

（1）土方：是指水利工程建设中土方的开挖、回填、填筑的数量。包括土坝填筑、灌区渠道、防洪堤防等土方。如监理月报中只有土石方的开挖、回填等数据，则全部计入"土方"中，"石方"则不计入。

（2）石方：是指水利工程建设中石方开挖、石方回填、石方砌筑（包括干砌石和浆砌石）、抛石护岸等，包括水库大坝、渠道及堤防建筑物中的石方等。

（3）砼：是指水利工程建设中浇筑、衬砌的混凝土的数量。包括水库混凝土大坝、渠道及堤防建筑物中的混凝土等。

（4）**金属结构**：是指用钢材建造建筑物各部位承重和非承重构件。金属结构构件工程量主要包括有：钢柱、钢屋架、钢檩条、钢支撑、吊车梁、天窗架、钢门、钢窗、钢栏杆工程量等。

【**移民安置人数**】指对大中型水利水电建设中涉及的移民的安置人数。主要有本地安置与异地安置、集中安置与分散安置、政府安置与移民自找门路安置等方式。

【**全部计划实物工程量**】是指建设项目的设计文件中列入计划的全部实物工程量。一般按批准总体设计文件的实物工程量填列。没有批准总体设计文件的，采用上报设计文件中的工程量数或年内施工工程的计划实物工程量。当累计完成实物工程量超过全部计划实物工程量时，采用累计完成实物工程量加未完工工程计划实物工程量。

【**本年计划实物工程量**】是指年度施工计划中的实物工程量计划，年度施工计划又有调整的，采用调整数。

【**累计完成实物工程量**】是指建设项目自开始建设至报告期末累计完成的实物工程量。

【**本年完成实物工程量**】一般是指报告期内当年完成的全部实物工程量。

7. 年建 305 表（项目效益表）

填报单位要将建成投产项目或工程的全部生产能力（或工程效益），按表内的目录进行填写。

【**水库总库容**】是水库按校核水位计算的总蓄水容量。它是反映水库工程效益的指标。只有当水库工程的主体工程大坝、溢洪道、输水洞三个单位工程都按设计建成能够拦洪蓄水，发挥整体效益时，才能计算新增水库总库容。

【**耕地灌溉面积**】又称为有效灌溉面积，是指耕地上灌溉工程设施基本配套，且水源具有一定保证率的可以灌溉的面积。如果是灌区续建配套或节水改造项目、病险水库除险加固项目等，一般规模应选择"改善灌溉面积"。

【**除涝面积**】具有除涝工程设施（如圩堤、水闸、泵站、暗管等），排水出路有保证，能够按照设计标准，减轻或消除涝、渍灾害的耕地面积。

【发电装机容量】 水力发电工程在水库蓄水，水工建筑物、引水系统、尾水系统、水轮发电机组及风、水、电、油等附属设备系统均已验收合格，按验收规程调试完毕的发电机组铭牌出力指标。

【排灌装机容量】 是指排灌机组的铭牌容量。是反映灌溉、排涝工程机械设备容量的指标。

【供水能力】 是指用于城镇和工业生产、生活供水工程的日供水能力。不包括农业灌溉工程的供水能力。

【改善灌溉面积】 是指在已经达到有效灌溉面积标准的基础上，通过工程措施，如提高灌水的保证率、增加灌溉节水措施等，使原有灌溉面积的灌溉标准有所提高。

【改善除涝面积】 是指在已经达到除涝面积标准的基础上，通过工程措施，使除涝标准有所提高。

【新建及加固堤防长度】 是指按照设计标准建成或基本建成的河堤、江堤、海堤、湖堤，包括防洪墙等各类防洪、防潮堤防之总和。不包括单纯除涝河道的堤防和弃土形成的堤防，也不包括子埝和生产堤。

【水保治理面积】 是指按照综合治理的原则，对水土流失区域采取各种治理措施，以及按小流域综合治理措施所治理的水土流失面积总和。

【当年解决饮水安全问题人口】 是指当年巩固提升农村饮水安全问题人口的数量。**建档立卡贫困户**以国家公布的建档立卡贫困人口范围为基准，统计当年解决饮水安全问题或当年巩固提升饮水安全人口数量。

【节水灌溉面积】 指采用喷灌、微灌、低压管道输水、渠道衬砌防渗等工程技术措施，提高用水效率和效益的灌溉面积。

【渠道防渗长度】 指渠道采取防渗措施整治的长度。

【河道整治长度】 指采取各种工程措施改善水流条件、泥沙运动，调整河床冲淤部位等的河道长度。

【改善或恢复库容】是指通过工程措施，使原有设计总库容恢复或者增加的库容。

【建设规模】是指建设项目或工程设计文件中规定的全部设计能力（或工程效益）。包括已经建成和尚未建成投产的工程的效益。它是以实物形态表示的建设项目规模指标，反映建设项目或工程全部建成投产（或交付使用）后，能够为社会提供多少设计能力（或工程效益）。新建项目按全部设计能力（或工程效益）计算。改、扩建项目按改、扩建设计规定的全部新增加的能力（或工程效益）填写，不包括改、扩建以前原有的生产能力（或工程效益）。没有总体设计的项目填本年施工的全部单项工程的设计能力。

【本年施工规模】指是全部建设规模中在本年正式施工的部分，即本年施工的工程或项目的全部设计能力。水库工程当水库大坝基础开始施工时，水库库容的本年施工规模与建设规模一致。水电站工程当大坝基础开始施工时，尽管发电厂房和机组尚未施工和安装，此时就应填发电装机容量的本年施工规模，即建设规模；后期有投产的发电装机容量了，则在下一个报告期应在本年施工规模中扣除。

【本年新开工规模】是全部建设规模中在本年新开工的部分，即本年新开工的工程或项目的全部设计能力。

【累计新增生产能力（或效益）】指自开始建设至报告期末建成投产的全部单项工程累计新增生产能力（工程效益）。包括报告期以前已经建成投产和报告期内建成投产的全部单项生产能力（工程效益）。没有总体设计的项目只填本年施工的全部工程自开始建设至报告期末的累计新增生产能力（工程效益）。

【本年新增生产能力（或效益）】是指在报告期内按照新增效益的计算条件和标准，实际建成投入生产或交付使用的工程效益。

新增生产能力，原则上应按工程的设计（计划）能力计算。设计能力是指设计中规定的主体工程（或主体设备）及相应配套的辅助工程（或配套设备）在正常情况下能够达到的生产能力。在建设过程中需要调整设计能力时，必须经原批准设计的管理机关批准后，才能按批准修改后的能力计算；如尚未批准，仍按原设计能力计算，并加以说明。无设计（或计划）能力的，可根据验收时的鉴定能力计算建成投产的工程；各生产环节的设备已经配齐，符合计算新增生产能力条件的，应按该工程的全部设计能力计算；各生产环节的设备虽未按设计全部配套建成，但保证生产所需的主体设备、配套设备主体工程、辅助工程都已部分完成，形成生产作业线，经负荷试运转正式投入生产的，只计算设备配齐部分的生产能力。

计算新增生产能力（或工程效益）的几项具体规定：

（1）以建筑物容积、面积及长度表示的新增生产能力或效益，一律按实际建成的数量计算，不按设计规定的容积、面积、长度的数量计算。

（2）改建、扩建的项目或工程，如无设计能力资料，可根据验收时鉴定的净增能力计算，即改、扩建后全部生产能力（或可能达到的年产量）减去改、扩建前原有的实际生产能力（或年产量）后即为改建、扩建新增生产能力。

（3）迁建项目一般不计算新增生产能力，在迁建的同时扩大建设规模的，只计算增加的生产能力（或工程效益）。

（4）恢复项目应按恢复重建的全部能力计算新增生产能力（或工程效益）。

（5）引进项目或工程应按合同规定，在试生产期内经过考核达到验收标准，并经双方签字确认后才可计算新增生产能力。

（6）多种生产能力要将设计文件规定的各种生产能力（或工程效益）填全。

下列情况不能计算新增生产能力：

（1）主体工程虽已建成，但设备尚不配套或缺乏正常生产所必需的附属辅助工程，因而不具备正常生产条件的工程；

（2）生产作业线尚未建成，采取临时措施（如厂房尚未建成，临时安装部分设备；或缺乏主体配套设备，临时利用代用设备等）进行生产，虽能生产设计规定的产品，但不能保持正常生产的工程。

五、附录

（一）水利建设项目主要分类

代码	项 目 类 型		解 释
01000	**控制性枢纽工程项目**		
01010		水库枢纽工程	具有防洪、发电、灌溉、供水或生态保护等多目标能力的蓄水枢纽建设、包括滞洪水库建设
01020		水闸枢纽工程	具有多目标能力的水闸枢纽工程
01090		其他枢纽工程	除水库、水闸枢纽工程外，其他枢纽工程
02000	**防洪项目**		
02010		堤防工程	指江河湖堤和圩垸、围堤等，包括堤防加高加固中的隐蔽工程
02020		江河湖泊治理工程	包括河道整治中的清淤疏浚以及护坡、护岸、导流和河控等工程建设以及恢复河湖行蓄洪能力为目的的平垸行洪和移民建镇等活动
02021		大江大湖治理	大江大湖的治理活动
02022		主要支流治理	重要支流的治理活动
02023		中小河流治理	有关中小河流的治理活动，包括中小河流重点县综合整治
02029		其他江河湖泊治理工程	除上述三类的关于江河湖泊的各项治理活动
02030		行蓄洪区安全建设	行蓄（滞）洪区安全设施建设，包括分洪闸、分洪水道等建设
02040		城市防洪工程	城市防洪设施建设
02050		水库除险加固	
02051		大中型病险水库除险加固	大中型病险水库的除险加固工程
02052		小型病险水库除险加固	小型病险水库的除险加固工程

代码	项目类型		解释
02060		海堤建设	
02070		国际界河工程	以国际界河岸线保护、河势控制为主的工程
02080		大中型病险水闸除险加固	大中型病险水闸的除险加固工程
02090		山洪灾害防治工程	用于山洪灾害防治的项目建设
02100		其他防洪项目	除上述以外的防洪工程
03000	**灌溉除涝项目**		
03010		灌区建设工程	灌区渠首建筑物、输配水渠道及其渠系建筑物的建设
03020		节水灌溉工程	灌区配套与节水改造工程、节水示范工程等
03030		小型农田水利建设	
03040		水库工程	以灌溉、供水为主要目的的蓄水水库（中小水库）建设
03050		泵站工程	用于灌溉、排涝（渍）的泵站工程
03090		其他灌溉除涝项目	
05000	**供水项目**		**以城乡居民生活、公共服务和工业生产等为目的的供水设施及能力建设**
05010		引水（调水）工程	以引水灌溉或供水为主要目的，在河床上建设拦河闸坝工程，包括各类输配水渠道、管线及配套设施的建设
05020		农村饮水安全巩固提升工程建设	以农村饮水安全巩固提升为目的的各类饮水工程建设
05030		抗旱工程	利用水利工程达到抗旱目的的工程设施
05040		地下水超采综合治理	
05090		其他供水工程	
06000	**水务项目**		**主要指城镇供、排、用水项目**
06010		自来水厂建设	自来水厂建设与改造工程
06020		城镇供水管线建设	供水管网建设与改造工程
06030		城镇排水系统建设	排水管网建设与改造工程

代码	项 目 类 型		解 释
06040		污水处理工程建设	污水处理厂、污水处理管网建设
06090		其他水务能力建设	
07000	**非常规水资源利用项目**		
07010		中水回用	废、污水收集处理为中水回用的工程系统建设
07020		雨水集用	利用雨水集用等技术措施增加农村居民饮水的项目
07030		海水淡化	运用海水淡化等措施处理后用于工业冷却水、生产用水的项目
08000	**水电开发利用**		
08010		水力发电工程建设	包括以发电为主的水库枢纽工程建设
08020		电网建设与改造	
08030		水电增效扩容	
08040		小水电代燃料	
08090		其他电气化工程	
09000	**水保及生态保护**		
09010		水土流失治理	包括生态修复
09020		流域生态综合治理	包括生态补水
09030		水环境污染防治	水污染控制工程、水体置换净化工程建设
09040		水利血防项目	防治血吸虫病的水利措施，包括河湖治理等
09050		河湖连通工程	河湖水系连通工程建设
09060		淤地坝治理	病险淤地坝治理工程
09090		其他环境水利项目	包括以奖代补试点等
10000	**滩涂治理及围垦工程建设**		
11000	**机构能力建设专项**		
11010		水文设施及能力建设	水文站网及设施
11020		科研教育设施	科研教育基础设施建设及相关设备购置
11030		防汛通讯设施等能力建设	包括防汛抢险队、基础设施建设、设备购置及能力建设等

代码	项目类型	解释
11090	其他水利发展项目	
12000	**前期工作项目**	
12010	水利规划	全国、流域和区域水利规划等规划编制工作
12020	专题研究	为解决水利规划、工程项目前期工作中重大技术、经济、环境问题及改革与管理问题开展的研究论证
12030	项目前期	包括项目建议书、可行性研究、初步设计编制工作
12040	基础管理	开展行业技术规范、行业标准、定额管理等基础工作
12060	其他前期工作	包括水利建设基础勘探
13000	**移民项目**	**因水利工程修建造成的移民**
13010	水库后期移民扶贫项目	
13020	其他移民项目	
14000	**其他水利项目**	**包括水毁修复、专项等**
14010	水利工程设施维修养护	包括农村饮水安全工程、小型水库工程、山洪灾害防治设施等维修养护
14020	农业水价综合改革	开展农业水价综合改革项目
14030	其他	

（二）向国家统计局报送的具体统计资料清单

向国家统计局报送的具体统计资料主要包括年度资料，具体资料内容如下：

水利建设投资状况（全国、分省）。主要指标包括水利建设投资项目个数、水利建设投资规模、水利建设计划投资、水利建设到位投资、水利建设完成投资额、水利建设完成工程量、水利建设新增效益等。

（三）向统计信息共享数据库提供的统计资料清单

向统计信息共享数据库提供的统计资料清单主要包括年度统计资料清单，具体统计资料清单内容如下：

各地区水利建设投资情况（全国、分省）。主要指标包括水利建设投资项目个数、水利建设投资规模、水利建设计划投资、水利建设到位投资、分资金来源中央政府水利建设投资完成额、分资金来源地方政府水利建设投资完成额、分中央和地方项目水利建设投资完成额、分资金来源水利建设投资完成额、分用途水利建设投资完成额、分隶属关系水利建设投资完成额、分建设性质水利建设投资完成额、分建设阶段水利建设投资完成额、分规模水利建设投资完成额、分构成水利建设投资完成额、水利建设完成工程量、水利建设新增效益等。

水利建设投资统计数据质量
核查办法（试行）

水 利 部 文 件

水规计〔2020〕301 号

水利部关于印发水利建设投资统计数据
质量核查办法（试行）的通知

部直属各单位，各省、自治区、直辖市水利（水务）厅（局），各
计划单列市水利水务局，新疆生产建设兵团水利局：

为深入贯彻党中央、国务院关于提高统计数据真实性的决策部
署，规范水利建设投资统计数据核查工作，进一步提高水利建设投
资统计数据质量，为落实好水利改革发展总基调提供基础支撑，水
利部制定了《水利建设投资统计数据质量核查办法（试行）》，现
予以印发，请遵照执行。执行中发现问题请及时反馈我部。

（此页无正文）

2020 年 12 月 29 日

水利建设投资统计数据质量核查办法（试行）

第一章 总 则

第一条 为贯彻落实党中央、国务院《关于深化统计管理体制改革提高统计数据真实性的意见》《统计违纪违法责任人处分处理建议办法》《防范和惩治统计造假、弄虚作假督察工作规定》精神，规范水利建设投资统计数据核查工作，进一步提高统计数据质量，根据《中华人民共和国统计法》《中华人民共和国统计法实施条例》及《水利监督规定（试行）》《水利统计管理办法》《水利部办公厅关于建立防范和惩治水利统计造假、弄虚作假责任制的通知》等规定，制定本办法。

第二条 本办法适用于水利部组织开展的水利建设投资统计数据质量核查（以下简称"数据质量核查"）、问题认定、问题整改、责任追究。

本办法所称水利建设投资统计数据，是指填报单位按照《水利建设投资统计调查制度》，通过水利统计管理信息系统填报的各项水利建设投资统计数据。

第三条 数据质量核查坚持监督检查与指导帮助并重，遵循依法依规、严格规范、客观公正的原则。

第四条 数据质量核查按照水利部年度监督检查计划开展。

领导批示、群众举报、媒体曝光等渠道反映的数据质量问题，需开展核查的，及时安排。

第二章 核 查 要 求

第五条 水利部负责组织部直属事业单位、流域管理机构开展数据质量核查。根据工作需要，水利部可授权省级水行政主管部门开展数据质量核查。

第六条　数据质量核查对象包括流域管理机构、地方各级水行政主管部门以及水利建设投资统计数据填报单位。

第七条　数据质量核查内容主要包括：

（一）填报项目全面性。核查填报的水利建设投资项目是否应统尽统，是否真实存在。

（二）填报指标完整性。核查应填报的指标是否全部填报。

（三）填报数据准确性。核查填报的投资计划下达、资金到位、投资完成、实物工程量等重点统计指标，是否数出有据，是否真实准确。

根据不同批次核查任务和核查重点差异，核查内容可适当调整。

第八条　核查工作通过"查、认、改、罚"等环节开展，主要程序包括：

（一）下发核查通知。告知被核查单位核查项目范围、核查内容、核查指标、核查时间及应准备的核查资料等，明确核查工作安排和要求。

（二）开展现场核查。与被核查单位座谈交流，查阅文件、合同、工程进度单或结算单、支付凭证、统计台账等有关材料，查看工程现场、了解工程进度，就有关情况和发现的问题进行质询、核实、取证。

（三）交换核查意见。与被核查单位交换核查意见，听取被核查方陈述，填写核查问题确认单并进行确认。

（四）提交核查报告。核查单位编写核查报告，正式行文报送水利部。核查报告应包括核查工作开展情况、数据质量情况、问题认定及问题整改、责任追究建议等。

（五）下发整改通知。水利部直接或责成流域管理机构、省级水行政主管部门下发整改通知，提出整改要求，督促被核查单位限期整改，适时组织对整改情况进行核实。

（六）实施责任追究。对发现问题的责任追究按照本办法第四章有关规定执行。

第九条　核查单位应组建核查工作组实施核查。核查工作组实行组长负责制，组成人员一般应包括统计、计划、财务、建设管理等专业人员。

第十条　核查人员应做好各项工作记录，客观公正地进行调查、核实、取证，如实反映投资统计数据质量和存在问题。

第十一条　被核查单位应积极配合核查组开展工作，如实提供核查所需资料，并对资料真实性和准确性负责。

第三章　问题认定和整改

第十二条　核查组依据本办法对发现问题进行认定，按照严重程度分为"一般""较重"和"严重"三个等级。

问题分类及判定标准详见附表1。

第十三条　被核查单位对核查发现问题有异议的，可在5个工作日内提交相关材料，向具体承担核查工作的单位进行申诉，也可向水利部规划计划司申诉。

第十四条　受理申诉的单位应对被核查单位申诉意见进行复核，必要时可委托第三方机构协助复核。水利部规划计划司是问题申诉的最终裁定单位。

第十五条　被核查单位应按照整改通知要求制定整改措施，明确整改事项、整改时限、责任单位和责任人等，在规定时间内完成整改。

流域管理机构或省级水行政主管部门对被核查单位整改情况核实后报送水利部。

第四章　责任追究

第十六条　责任追究包括对责任单位和责任人的责任追究。

第十七条　对责任单位的责任追究一般包括责令整改、约谈、通报批评等。

第十八条　对责任人的责任追究一般包括书面检讨、约谈、通报批评、建议调离岗位等。

第十九条　责任单位或者责任人拒绝接受核查，无正当理由未按规定时限完成问题整改或整改不到位的，可从重追究责任。

责任追究方式和标准详见附表 2、附表 3。

第二十条　水利部可直接实施责任追究或责成流域管理机构、省级水行政主管部门实施责任追究。

第二十一条　对于核查中发现可能存在的统计造假、弄虚作假等统计违纪违法行为，水利部责成流域管理机构或省级水行政主管部门进行调查并将有关线索移送同级人民政府统计机构依法查处。

第五章　附　　则

第二十二条　各流域管理机构、各省级水行政主管部门组织开展的水利建设投资统计数据质量核查工作，可参照本办法执行。

第二十三条　本办法自 2021 年 1 月 1 日起施行。

附表：1. 问题分类及判定标准
　　　 2. 责任单位责任追究方式
　　　 3. 责任人责任追究方式

附表

附表 1　　　　　　　　　　问题分类及判定标准表

核查内容	问题描述	填报指标误差计算方法	问题等级		
			一般	较重	严重
项目全面性	漏报水利建设投资项目，或填报了不符合填报范围的项目，即为项目填报不全面。	项目漏（错）报率＝漏（错）报项目数/应填报项目数	≤30％	＞30％	—
指标完整性	未填报应填报指标，即为指标填报不完整。	指标漏填率＝漏填指标个数/所有核查项目的指标总数	≤30％	＞30％	—

续表

核查内容	问题描述	填报指标误差计算方法	问 题 等 级		
			一般	较重	严重
数据准确性	填报指标数值与实际核查数值存在差异，即为指标数据不准确。	指标错填率＝错填指标个数/所有核查项目指标总数 指标误差率＝|核实数－上报数|/核实数	指标错填率≤30%且所有指标误差率≤30%	其他情况	指标错填率＞60%或任一指标误差率＞60%

注 被核查单位问题等级按以上三项核查内容发现问题的最高等级认定。

附表 2　　　　　　　责任单位责任追究方式

问题严重程度	直接责任单位			管理责任单位		
	责令整改	约谈	通报批评	责令整改	约谈	通报批评
一般	√			√		
较重	√	○		√	○	
严重		√	○	√	○	○

注 1. 直接责任单位是指统计数据填报单位。
　　2. 管理责任单位是指对统计数据质量负有监管职责的流域管理机构、地方各级水行政主管部门。
　　3. "√"为正常情况下可采用的最低责任追究方式，"○"为视问题严重程度可选择采用的责任追究方式。

附表 3　　　　　　　责任人责任追究方式

直接责任单位责任追究方式	直 接 责 任 人				领 导 责 任 人			
	书面检讨	约谈	通报批评	建议调离岗位	书面检讨	约谈	通报批评	建议调离岗位
责令整改	√	○			○			
约谈		√	○		√	○		
通报批评			√	○		√	○	○

注 1. 直接责任人是指直接责任单位的统计工作人员。
　　2. 领导责任人是指直接责任单位的主要负责人、分管负责人以及内设机构主要负责人、分管负责人。
　　3. "√"为正常情况下可采用的最低责任追究方式，"○"为视问题严重程度可选择采用的责任追究方式。

水利统计重点指标会商制度

水利部发展研究中心文件

发研投〔2016〕61 号

关于印发《水利部发展研究中心水利统计
重点指标会商制度》的通知

中心各有关处室：

为进一步提高水利统计数据质量，提高中心支撑部水利统计工作水平，经中心领导同意，现印发《水利部发展研究中心水利统计重点指标会商制度》，请遵照执行。

附件：水利部发展研究中心水利统计重点指标会商制度

水利部发展研究中心

2016 年 12 月 30 日

水利部发展研究中心
水利统计重点指标会商制度

为顺利开展月度和年度水利统计工作，更好地发挥专家会诊优势，达到集中解决异常数据，消除分歧，全面提升数据质量的目的，经研究，特建立水利统计重点指标会商制度。具体规定如下：

一、会商对象和范围

主要针对中心组织开展的水利综合统计、水利建设投资统计、重大水利工程专报统计、地方落实水利建设投资统计中出现"异常"情形的重点指标数据进行会商。

重点指标是指与水利发展"十三五"规划目标或《政府工作报告》确定的年度任务目标直接相关、向社会公布公开或敏感度高、对行业管理有重要参考作用的统计指标。包括但不限于：中央水利建设投资计划月度完成投资、全年水利建设完成投资、地方落实水利建设投资、灌溉面积、耕地灌溉面积、灌区耕地灌溉面积、高效节水灌溉面积、农村自来水人口、农村集中式供水人口、水土流失治理面积等指标。

"异常"情形主要包括两种情形：（一）中心统计的重点指标当期数据与往期数据相比，出现不合常理的增减，或变动幅度超过正常合理水平。（二）中心统计的重点指标数据与其他司局或单位调查产生的相同指标数据存在不一致，或与其他类似统计指标数据相差较大的。

二、会商方式和时间

会商采取召开会商会议方式进行，由中心分管主任召集，提前确定会商主题并印发会议通知。

会商时间主要结合相关统计年报数据审核、中央水利投资计划执行情况考核工作等确定。一般于每年5月底前召开统计年报重点指标会商会议；每年7月5日、10月10日和次年1月5日前后分别召开统计月报重点指标会商会议。根据工作需要可临时召开会商会议。

三、会商内容和流程

会商内容主要是按照"来源明确、前后一致、波动可控"的原则，核查"异常"指标数据来源、报送渠道、汇总审核过程等的合规性，分析导致"异常"数据产生的可能原因，提出对"异常"数据的处理建议。

会商流程包括：

（一）**介绍基本情况。**由投资与统计研究处介绍"异常"数据有关情况、已开展的审核工作等，初步分析"异常"数据产生的可能原因。涉及与其他数据进行比对分析，请其他司局或单位介绍有关情况。

（二）**进行充分讨论。**与会人员针对介绍情况，结合工作实际，可从指标定义和统计口径、基础数据采集方法、填报汇总审核流程等方面，提出导致数据"异常"的可能原因，经深入分析探讨，逐一排除或确认。

（三）**形成会商结论。**综合考虑各方面因素，提出对"异常"数据的处理建议，包括但不限于：数据可靠，各方一致认可接受；数据基本可靠，存在不同意见但总体认可接受；数据存疑，督请有关单位和地方进一步核实；数据有误，责成有关单位和地方认真自查，按规定重新填报。

（四）**报送会商材料。**会后将会商结论及相关材料及时报送部规划计划司，对不能达成一致意见的情况予以重点说明。根据规划计划司工作要求，做好后续工作。

四、会商参加人员

会商会议成立会商专家组，组长由中心分管主任担任，成员包括：投资与统计研究处处长、副处长、统计组相关人员以及有关处室人员，同时根据会商需要邀请其他有关司局、直属单位、流域机构、省级水行政主管部门的领导和专家参加。

五、实施时间

从 2017 年 1 月 1 日起实施。

附件

水利统计重点指标会商记录表

主　题	
参加人员	
主要指标	
存在问题	
会商结果	
遗留问题及初步解决建议	

　　签字（组长）：　　　　　　　　　　　　　　　　年　　月　　日

防范和惩治水利统计造假、弄虚作假责任制

水利部办公厅文件

办规计〔2019〕204 号

水利部办公厅关于建立防范和惩治水利统计造假、弄虚作假责任制的通知

部机关有关司局，部直属有关单位，各省、自治区、直辖市水利（水务）厅（局），各计划单列市水利（水务）局，新疆生产建设兵团水利局：

为贯彻执行党中央、国务院《关于深化统计管理体制改革提高统计数据真实性的意见》《统计违纪违法责任人处分处理建议办法》《防范和惩治统计造假、弄虚作假督察工作规定》，全面防范和惩治水利统计造假、弄虚作假，进一步健全水利统计工作责任制，根据《中华人民共和国统计法》《中华人民共和国统计法实施条例》《统

199

计违法违纪行为处分规定》《部门统计调查项目管理办法》和《水利统计管理办法》等法律法规和规章，现就建立防范和惩治水利统计造假、弄虚作假责任制有关要求通知如下。

一、总体要求

（一）以习近平新时代中国特色社会主义思想为指导，全面贯彻落实党的十九大精神，坚持惩防并举、注重预防，按照"谁主管谁负责、谁统计谁负责"的原则，建立健全防范和惩治水利统计造假、弄虚作假责任制，为保障国家水安全，践行"水利工程补短板、水利行业强监管"水利改革发展总基调提供基础支撑。

（二）各级水行政主管部门应遵守执行统计法律法规，依法提供真实、准确的水利统计数据，切实做好防范和惩治水利统计造假、弄虚作假工作，积极配合相关部门依法查处统计造假、弄虚作假行为。

（三）各级水行政主管部门和水利统计人员，依法开展水利统计工作，坚决杜绝以下行为：提供不真实统计资料或伪造、篡改统计资料；编造虚假统计数据；强令、授意、指使统计调查对象或者其他人员进行统计造假；包庇、纵容统计弄虚作假有关责任人员；对拒绝、抵制、检举揭发统计造假行为的人员进行打击报复；对严重统计造假、弄虚作假行为隐瞒不报等。

二、责任体系

（四）各级水行政主管部门主要负责人、分管负责人对防范和惩治水利统计造假、弄虚作假工作分别负主要领导责任和直接领导责任。主要职责是组织贯彻党中央、国务院关于依法统计的决策部署，推动建立防范和惩治水利统计造假、弄虚作假责任制，督促所属部门和单位落实工作责任。

（五）各级水行政主管部门所属具有统计职能和任务的内设机构和直属单位主要负责人、分管负责人，对防范和惩治水利统计造假、弄虚作假工作分别负第一责任和主体责任。主要职责是制定防范水利统计造假、弄虚作假的落实措施，严格依据统计调查制度组织开展统计工作。

（六）水利统计工作人员对防范和惩治统计造假、弄虚作假工作负直接责任。主要职责是如实采集、处理、核查、报送水利统计资料，不得伪造、篡改水利统计资料，不得以任何方式要求任何单位和个人提供不真实的水利统计资料。

（七）各级水行政主管部门应明确本部门防范和惩治水利统计造假、弄虚作假责任人，并向上一级水行政主管部门报备，相关责任人发生变更时应及时报备。

三、责任制落实

（八）各级水行政主管部门应组织开展本部门、本地区防范和惩治水利统计造假、弄虚作假责任制落实情况的监督检查，确保责任制得到贯彻落实。

（九）对水利统计造假、弄虚作假违纪违法责任人员，按照有关法律法规和规定追究责任。

（十）各级水行政主管部门防范和惩治水利统计造假、弄虚作假工作接受同级人民政府统计部门的业务指导。

（此页无正文）

水利部办公厅

2019 年 9 月 23 日

中华人民共和国水利部办公厅

办规计函〔2019〕962 号

水利部办公厅关于建立水利统计工作
联席会议制度的通知

部机关有关司局，部直属有关单位：

为加强对水利统计工作的组织协调，保障水利统计工作顺利开展，经研究，建立水利统计工作联席会议制度（以下简称联席会议）。现将有关事项通知如下：

一、主要职责

组织贯彻党中央、国务院关于统计改革发展的各项决策部署，统筹协调水利统计工作，研究讨论水利统计有关重大问题，审议水利统计相关管理制度，推进水利统计重点工作。

二、组成人员

召集人：叶建春　水利部副部长

成　　员：石春先　规划计划司司长

　　　　　谢义彬　规划计划司副司长

　　　　　李晓静　政策法规司副司长

　　　　　付　涛　财务司副司长

　　　　　王　静　人事司副司长

　　　　　郭孟卓　水资源管理司副司长（正司级）

　　　　　李　烽　全国节约用水办公室一级巡视员（正司级）

　　　　　张严明　水利工程建设司副司长（正司级）

　　　　　徐　洪　运行管理司二级巡视员（副司级）

　　　　　郭索彦　水土保持司副司长

　　　　　张向群　农村水利水电司副司长（正司级）

　　　　　朱闽丰　水库移民司副司长

　　　　　万海斌　水旱灾害防御司督察专员（正司级）

　　　　　张文胜　水文司副司长

　　　　　钱　峰　水利部信息中心副主任

　　　　　吴　强　水利部发展研究中心副主任（正司级）

联席会议办公室设在规划计划司，承担联席会议日常工作，办公室主任由规划计划司谢义彬副司长兼任，联络员由联席会议成员单位处级干部担任。联席会议成员随工作岗位变更而自动变更，不再另行发文，由所在司局和单位报联席会议办公室备案。

三、工作机制

联席会议根据工作不定期召开全体会议或部分成员会议，重要会议由召集人主持，其他会议可由召集人委托的联席会议成员召集。联席会议以纪要形式明确议定事项，印发相关司局和单位。相关司局和单位做好联席会议议定事项和工作任务落实。

水利部办公厅

2019 年 8 月 20 日